寂 静 的 春 天

〔美〕蕾切尔·卡逊——著 徐黎——译

八年级

U0338775

四川人民出版社

图书在版编目（CIP）数据

寂静的春天 /（美）蕾切尔·卡逊著；徐黎译. —
成都：四川人民出版社，2022.7
ISBN 978－7－220－12171－5

Ⅰ.①寂… Ⅱ.①蕾… ②徐… Ⅲ.①环境保护－普
及读物 Ⅳ.①X－49

中国版本图书馆 CIP 数据核字（2021）第 093223 号

JIJING DE CHUNTIAN

寂静的春天

（美）蕾切尔·卡逊　著

徐黎　译

出 版 人	黄立新
策划组稿	张明辉
责任编辑	江　澄　蒋科兰
封面设计	象上设计
责任印制	周　奇

出版发行	四川人民出版社（成都三色路 238 号）
网　　址	http://www.scpph.com
E-mail	scrmcbs@sina.com
新浪微博	@四川人民出版社
微信公众号	四川人民出版社
发行部业务电话	（028）86361653　86361656
防盗版举报电话	（028）86361653
照　　排	四川胜翔数码印务设计有限公司
印　　刷	成都勤德印务有限公司
成品尺寸	170mm×235mm
印　　张	16
字　　数	220 千
版　　次	2022 年 7 月第 1 版
印　　次	2022 年 7 月第 1 次印刷
书　　号	ISBN 978－7－220－12171－5
定　　价	38.90 元

搭素质教育的船，读传世经典的书

经过多年的编写和试用，2019 年秋季，全国中小学统一使用新的语文教材。温儒敏先生主编的语文教材，革新了我们对语文教学的认识，也为中学生的语文学习指明了方向。概而言之，就是要大量阅读，"多读书，好读书，读好书，读整本的书"，培养阅读兴趣，扩大阅读面，养成良好的阅读习惯。阅读既可以为学生一生的发展打好底子，也有利于考试取得好成绩。

因此，新版语文教材，除了作为老师的"教读"文本，精选了许多经典的篇目外，还提供了丰富的延展，列出来许多指定阅读或推荐阅读的书目。这一部分书目，更强调"自读"。

如何自主阅读，温儒敏先生也提供了一些方法，如"自由阅读""连滚带爬阅读""反复诵读"等。

为此，根据新版初中语文教材推荐阅读书目及课文中所收作者作品，我们策划出版的一系列语文教材配套阅读名著，有如下几个特点。

一、紧扣教材，原版全本

本书系共三十余种，具体到每一年级的上或下，或为指定阅读、推荐阅读，或为收入课本作者的作品延伸，都是初中学子应知应读的经典名著。而这些经典名著，除了《诗经》《史记》等少量古代经典考虑学生接受程度做了篇目精选，大部分图书都是原版全本收录，拒绝改写、缩写。

二、名师指导，提供阅读方法

经典，不是我们正在读的，而是我们反复读的。但是初次阅读经典，仍需要好的指引。因此，本书系在栏目设置上，特别添加了"本书导航""读书方法指导""专题探究""名师点评""阅读鉴赏""知识拓展""考题链接""读后感""真题汇编"等栏目，帮助读者节约阅读时间，掌握正确的阅读方法，扩大阅读面，养成良好的阅读习惯。

三、精读与泛读相结合

本书系根据语文教材编写特点，邀请一线工作的著名语文教师，在容易考查的重点段落上加旁注，提供"名师点评""思考探究"等栏目，逐字逐句加以精读，全书还有疑难字词的注释，做到精读与泛读相结合，指导阅读与自由阅读相结合。

四、爬梳考点，提高得分能力

本书系邀请著名语文教师，全面梳理全国各地近五年中考试题，与名著内容进行比对，通过"考题链接""真题汇编"等方式，对相关考点进行针对性训练，切实提高读者的应试得分能力。

大文豪伏尔泰说，当我们第一遍读一本好书的时候，我们仿佛觉得找到了一个朋友；当我们再一次读这本书的时候，仿佛又和老朋友重逢。

希望这套书能成为陪伴大家度过这漫长三年的好朋友。

本书导航

• 认识作者

　　蕾切尔·卡逊（Rachel Carson，1907—1964），美国海洋生物学家，科普作家，现代环境保护运动的先驱。她的代表作《寂静的春天》详述了滥用滴滴涕（DDT）等杀虫剂带来的严重的环境危害，引起了人们对环境保护的重视，开启了美国乃至全世界的环境保护事业，该书被翻译成多国文字，在全世界传播，畅销不衰。1980年美国政府追授她"总统自由勋章"。她还被美国著名刊物《时代》评选为20世纪最有影响的100个人物之一。

• 艺术特色

　　作品融科学性、文学性、哲理性于一体，可读性强，发人深省。作品涵盖了多学科的知识，还有很多专家的研究成果，科学性强，而且作者凭借着出色的文学功底，将难懂的专业表达转化成通俗易懂的文字，增强了作品的可读性。作品中还有作者对环境保护的思考和对人类未来的担忧，充满了哲理性，引人深思。

　　作者在作品中运用了大量的对比手法，加强了文章的艺术效果和感染力。作品描绘了人类滥用化学药物改变自然之前和之后的景象，从生物、河流、土壤、森林甚至人类自身等方面进行对比，使文章具有强烈的震撼力量。

读书方法指导

● 方法一：渗透读书法

　　著名物理学家杨振宁教授认为："既然知识是互相渗透和扩展的，掌握知识的方法也应该与此相适应。"在《寂静的春天》这本书中，作者运用了多学科的知识，如生物学、地理学、化学等。我们在阅读的过程中可以发现这些知识是相互关联的，对于一些不甚理解的知识，可以查找一些资料来辅助阅读，这样不仅能巩固我们现有的知识结构，还有助于扩展我们的视野，促使我们更深入地理解环境保护对人类长远发展的重大意义。

● 方法二：笔记法

　　做笔记，主要有写提要和写心得两大类。写提要，就是用精练的语言准确概括全书的基本内容或要点。所写的提要，可以是语意连贯的成段文字，也可以是按层次和要点罗列的提纲，还可以是能够体现作品结构思路的图表。写心得，则是记录自己阅读时产生的体验、感想，如自己对于作品的内容（人物、情节、情感、思想等）和形式（写作技巧、行文风格、艺术特色等）的看法和评价，以及自己在阅读中生发的新认识、新观点。可以针对作品整体发表感想，亦可以只对其中一个或几个点进行发挥和评论。

专题探究

围绕感兴趣的阅读任务，自主设计实践活动方式，并分小组进行探究，最终形成研究成果。

● 专题一：杀虫剂与环境污染

在这部书里，蕾切尔·卡逊围绕着"人类滥用滴滴涕等杀虫剂"这一事实展开说明。滴滴涕是什么，它有哪些用途，造成了哪些危害？请你利用网络、图书馆等途径，搜寻资料，给大家介绍一下滴滴涕。

滴滴涕的前世今生

滴滴涕这个中文名字来源于它的英语缩写DDT，学名是"二对氯苯基三氯乙烷"，这是一种淡白色物质。1874年，德国化学家宰特勒在实验室中合成了滴滴涕，可是当时并没有发现这种物质的杀虫作用。

1939年，瑞士化学家保罗·赫尔满·米勒在进行杀虫剂研究时，发现了滴滴涕的杀虫效用。很快含有滴滴涕的杀虫剂就在全世界扩散开来。尤其是在1944年，当时驻扎在意大利那不勒斯的盟军军队出现了因虱子流行而带来的斑疹伤寒，人们想尽各种办法却无法消灭虱子，最后人们采用了向士兵、难民和俘虏身上喷洒滴滴涕粉剂的方式，在三个星期后控制住了斑疹伤寒。因此，1948年的诺贝尔生理学和医学奖授予了保罗·赫尔满·米勒。此后滴滴涕在英美等国的应用更加广泛，应用于防治多种危害农林畜牧业生产的昆虫，以及黄热病、丝虫病等虫媒传染病。尤其是在全球抗疟疾运动中，滴滴涕发挥了重要作用。

但是，由于滴滴涕的滥用，它带来的危害也逐渐显现出来，除了《寂静的春天》给我们展示的事例之外，在1976年，因为饮用了附近杀虫剂厂排放的滴滴涕废液，美国洛杉矶动物园的小河马全部死亡；1988年，因为滴滴涕残留物的影响，美国佛罗里达州的阿波普卡湖区的鸟蛋的孵化率下降到了百分之二十……而且，滴滴涕还给人们带来了致癌的风险。

1970年，瑞典开始禁止使用滴滴涕，1972年，美国立法禁止使用滴滴涕……

但是，在2000年之后，许多科学家建议重新使用滴滴涕，理由有两个：第一，非洲疟疾卷土重来，滴滴涕可以有效杀死携带疟疾病毒的蚊子；第二，经研究发现，滴滴涕造成危害的原因是人们的滥用，如果用滴滴涕防治蚊子，每平方米墙壁的剂量是2克，次数是每年1—2次，这样就不会造成对人类的危害。这个事实告诉我们：对化工产品的使用要科学、严谨。

现在，在非洲的一些国家里，滴滴涕正被重新应用于对抗疟疾的斗争中。

● 专题二：评价作者及作品

蕾切尔·卡逊在《寂静的春天》中展现了严谨的科学精神，充满着对生命的人文关怀。请你选择其中的一方面进行评析，也可以仿照作者的写作方法记录自己在生活中就某一问题所做的观察和研究。

严谨的态度

《寂静的春天》一书，处处体现了作者严谨的态度。

第一，是观点的严谨。在《寂静的春天》发表之后，有人对其表示反感，理由是作者反对滴滴涕等杀虫剂的使用，但是这些杀虫剂的应用杀死了对人类生活有害的昆虫，给人类带来了便利。其实，只要细读文章就会发现，作者反对的是滴滴涕等杀虫剂的滥用，而不是正确使用杀虫剂。作者在文中是这样说的，"我的主张不是完全不使用化学杀虫剂"。而且，"我也认为，我们已经允许使用这些化学物质，但是它们对土壤、水、野生动植物和人类自身的影响，我们却很少甚至根本没有进一步研究。我们的大自然支持着所有的生命，我们却对它的完善缺乏深谋远虑，这一行为很难得到下一代人的宽恕"。也就是说，作者坚持的观点是可以使用化学药物，但是要深入研究这些化学药物对环境和人类的影响，并将研究结果告知大众。

第二，是证据的严谨。作者为了证明自己的观点，引用了大量的事实，列举了很多数据，也引用了许多科学家的话。对于这些证据，作者点明了出处或者说话人的身份，如："'这几乎是不可能的……与近年来在美国实施的那种做法相比，处理砷类药物时完全不顾整体健康问题'，环境癌症研究机构——美国国家癌症研究所的W.C.惠帕博士说，'任何观看过工作中的杀虫剂喷粉器和喷雾器的人都会对喷洒有毒物质时明显的疏忽大意印象深刻'。"点明这些话是具有公信力的权威人士说的，增强了说服力。

第三，是语言的严谨。作者对于自己能确认的事实，用语是非常准确的。如为了证明滴滴涕的残留分布很广，作者说："如果还有人怀疑杀虫剂对我们的水体造成了普遍的污染，他就应该读一读1960年美国渔类和野生动植物管理局发布的一篇报告。管理局对鱼是否像温血动物那样在体内储存杀虫剂做了研究，他们从西部的森林地区取回第一批样品。在那里，人们为了控制云杉树蛊虫而喷洒了滴滴涕。后来，在距离喷洒区约三十英里的一个小河湾里进行的对比调查中发现，这里的鱼仍然含有滴滴涕。"对于自己不能完全确认的事情，则用"几乎""大概""约""可能"等词语来表示，如"美国南部用砷喷洒的棉花，养蜂业几乎已经消失了"中的"几乎"一词就表示了实际情况可能有例外，不能完全确定。

● **专题三：环保资料搜集**

蕾切尔·卡逊在《寂静的春天》中提出了滥用滴滴涕等杀虫剂造成的环境污染的问题，这一问题得到了当时人们的注意，促进了现代环保事业的发展。其实，从古代起，人们就非常重视环境保护，请搜集一些资料，并展示在下面。

中国古代环保理念

国君春田不围泽，大夫不掩群，士不麝不卵者。——《礼记·曲礼》

夫大人者，为天地合其德，与日月合其明，与四时合其序，与鬼神合其吉凶。先天而天弗违，后天而奉天时。——《易经·乾文言》

不违农时，谷物不可胜食也；数罟不入洿池，鱼鳖不可胜食也；斧斤以时入山林，材木不可胜用也。——《孟子·梁惠王上》

鼋鼍、鱼鳖、鳅鳝孕别之时，罔罟毒药不入泽，不夭其生，不绝其长也。——《荀子·王制》

竭泽而渔，岂不获得？而明年无鱼；焚薮而田，岂不获得？而明年无兽。——《吕氏春秋·孝行览义赏》

丘闻之也，刳胎杀夭则麒麟不至郊，竭泽涸渔则蛟龙不合阴阳，覆巢毁卵则凤凰不翔。——《史记·孔子世家》

为人君而不能谨守其山林、菹泽、草莱，不可以立为天下王。——《管子·轻重甲》

取之有度，用之有节，则常足。取之无度，用之不节，则常不足。——《资治通鉴·唐纪五十》

毋坏屋，毋填井，毋伐树木，毋动六畜，有如不令者，死无赦。——《伐崇令》

  那是一个没有声音的春天。在曾经伴随着知更鸟、猫鹊、鸽子、松鸦、蒙鸠和许多其他鸟叫声的黎明合唱的早晨，现在没有声音了。只有寂静笼罩着田野、树林和沼泽。

　　随着杀虫剂的继续使用以及顽固的残留物继续在土壤中积累，几乎可以肯定的是，我们正面临麻烦。

　　即使没有直接被喷洒到的大树也受到了影响。尽管那是万物生长的春季，橡树的叶子开始卷曲并变成褐色，然后迅速抽出没有生机的新芽。两个季节后，这些树上的大树枝枯死了，枝条光秃秃地垂了下来，整棵树都变形了。

　　喷洒结束后不久，就出现了明显的不良迹象。在两天内，溪流沿岸就出现了已经死亡和垂死的鱼，其中包括许多幼小鲑鱼，死鱼中也出现了鳟鱼。沿着道路和树林，鸟类也正在死去。和溪流有关的所有生命都沉寂了。

目录 CONTENTS

第一章　明天的寓言

名师导读

这是一个充满鸟语花香的小镇，可是有一天，一种奇怪的疫病袭击了这里，一种恐怖的景象出现了。这种景象给你什么样的感受呢？作者通过这种景象做出了怎样的警示呢？

在美国中部曾经有一个小镇，那里所有的生物都和周围的环境和谐相处。小镇坐落在一块块繁荣的农场中间。这里到处都是种满谷物和水果的山坡。春天，洁白的云朵飘浮在绿色的田野上。秋天，橡树、枫树和桦树闪射出的火焰般的光辉映照着后面的松树林。狐狸在山间尖叫，鹿默默地穿过田野，在秋天早晨的薄雾之中若隐若现。

名师点评

运用"飘浮""映照""若隐若现"等词描绘出了一副生机勃勃的景象。

一年中的大部分时间里，道路两边的月桂树、荚迷和桤木，大的蕨类植物以及野花都吸引着旅行者的目光。即使是冬天，路边也很美，无数鸟儿飞来吃雪地上干杂草的种子和浆果。实际上，这个乡村以其丰富多样的鸟类著称，当春季和秋季涌入大量候鸟时，人们从很远的地方到这里来观赏它们。另一些人会到小溪边钓鱼。清澈而清凉的溪流从山上流下，并汇集成一个个阴凉的水塘，鳟鱼们就在里面游泳。从许多年前第一批定

名师点评

强调这个乡村的特殊之处。

居者来到这里建屋、凿井、建造谷仓以来，这里一直是这样。

后来，一种奇怪的疫病①蔓延到这里，一切都开始改变了。一些邪恶的咒语出现在小镇里：神秘的疾病席卷了鸡群；牛羊生病然后死掉。到处都是死亡的阴影。农民们在家中谈到很多关于疾病的事。镇上的医生对患者中出现的新的疾病越来越困惑。几起原因不明的突然死亡不仅发生在成年人中，也发生在儿童中。孩子们在玩耍时会突然发病，并在几个小时内死亡。

这是一种奇怪的寂静。例如，鸟儿们去哪儿了？许多人谈到这个，就会感到困惑和不安。他们后院里喂鸟的地方荒废了。以前在任何地方都能看到的鸟，所剩无几。它们瑟瑟发抖，无法飞行。那是一个没有声音的春天。在曾经伴随着知更鸟、猫鹊、鸽子、松鸦、蒙鸠和许多其他鸟叫声的黎明合唱的早晨，现在没有声音了。只有寂静笼罩着田野、树林和沼泽。

农场里，母鸡还在孵蛋，但没有小鸡孵出。农民们抱怨说他们无法养猪了，因为猪崽太小，而且只能存活几天。苹果树的花盛开着，看不到蜜蜂在花丛中飞来飞去，因为没有授粉，所以没有果实。

路边的美景曾一度非常吸引人，但如今却被褐色的、枯萎的花草树木围绕着，它们仿佛被火烧过一般。这些也都沉默着，被所有的活物抛弃。现在就连小溪都失去了生机。钓鱼的人不再去那里，因为所有的鱼都死了。

在屋檐下和屋檐间的檐槽中，白色颗粒状粉末的印

① 疫病：泛指流行性的传染病。

名师点评
用具体的例子说明死亡降临得极其突然迅速，引发了读者的好奇心。

名师点评
"奇怪"二字突出了人们的困惑不已。

名师点评
对比，突出了路边的巨大变化。

思考探究
白色的粉末是什么？试着在后文寻找一下答案。

迹还在。几周前、它像雪一样落在屋顶、草坪、田野和溪流上。不是巫术或者敌人让这个地方失去生机，病入膏肓。是这里的人自己做的。

　　这不是一个真实存在的城镇，但是在美国或世界上其他地方，这样的城镇有成千上万个。我知道没有一个地方经历过我刚才描述的所有的不幸。但是，这里所展现的各种灾难实际都曾发生在某个地方，而许多地方已经发生了不止一种。这个围绕在我们周围的残酷幽灵几乎没有引起我们的注意，然而这种想象中的悲剧很容易成为我们大家都知道的严峻现实。

　　在美国无数城镇中，是什么已经使春天的声音沉默了？这是本书试图解释的东西。

名师点评

揭露罪魁祸首是人类自己，可这更让人胆战心惊。

名师点评

用问句吸引人们的注意力，也点明本书的主要内容。

❖ 阅读鉴赏 ❖

　　在这一章节中，作者首先以生花妙笔描绘了一幅世外桃源般的景象，然后又用细腻的笔触描绘了一幅死寂的景象，前后对比鲜明，振聋发聩。在最后两段作者警告读者"这种想象中的悲剧很容易成为我们大家都知道的严峻现实"，并点明了本书的写作意图。

❖ 知识拓展 ❖

知更鸟

　　动物名，燕雀目。背及颈部赤褐色，额喉皆黑，腹下白色，雌体色稍淡，鸣声清越。

考题链接

1.下列句子中加点成语的使用恰当的一项是（　　）。

A.这种污染多数是无法救治的，由它所引发的恶性循环在很大程度上是无可非议的。

B.环境有条不紊地塑造和引导着它所供养的生物，这环境既包含有利生物生长的成分，又包含有害的成分。

C.从各个研究所络绎不绝地冒出新的技术投入实际使用。

D.人们使用所有这些技术手段仅仅能使病入膏肓的人苟延残喘几天时间。

2.下面各句中没有语病的一项是（　　）。

A.人类对环境最可怕的破坏是用致命甚至危险的物质对空气、土地、河流和海洋的污染。

B.难道会有人不相信，可以向地球表面倾泻这么多毒物而又继续使它适宜一切生物生长？

C.在这漫长的时间里，生物不断发展进化，种类越变越多，达到一种同其环境相适应、相平衡。

D.这个残酷的悲剧在不久的将来会成为现实，只要人们不改变现在滥用杀虫剂的做法。

扫码领取
- 写作良方
- 知识汇总
- 好词佳句
- 名著音频

第二章　忍受的义务

名师导读

　　人类在 20 世纪获得了改变世界的力量。自从获得这种力量之后，人类使自然发生了什么变化呢？人类要消灭的昆虫究竟给人类造成了什么样的困扰？有没有必要用含有滴滴涕的杀虫剂去对付它们？让我们来看一看作者的说法吧。

　　一直以来，地球上的生命史就是生物与其周围环境相互作用的历史。在很大程度上，地球植被的形态和习性以及动物的生命都受到环境的影响。考虑到整个地球的时间跨度，相反的影响则相对比较小，虽然那些生命实际上也改变了周围的环境。只有到了 20 世纪，人类才获得了一种改变世界本质的强大力量。

　　在过去的 25 年里，这种力量不仅在数量上增加到了令人不安的程度，而且有了质的变化。在人类对环境的破坏中，最危险的是致命的材料对空气、土地、河流和海洋的污染。这种污染在大多数情况下是无法恢复的。这条邪恶之链大多数情况下是不可逆的，它不仅进入了生命赖以生存的世界，而且也进入了生物组织内。如今对环境的普遍污染中，化学物质和辐射①一样，在

---

① 辐射：一种热的传播方式，从热源沿直线向四周发散出去。光线、无线电波等电磁波的传播也叫辐射。

名师点评

"只有……才"说明了人类获得改变世界的力量之晚。

名师点评

"最"强调了污染是人类破坏环境最具威胁的方面。

改变大自然和生命的过程中起着有害的作用。锶-90是通过核爆炸释放到空气中的，它通过雨水降落到地上，或者随着尘埃落入地下，来到土壤中，进入到那些生长在地上的草丛、玉米或小麦中，然后进入到人的体内并留在人的骨头里，直到人死亡。同样的，喷洒在农田、森林或花园上的化学物质在土壤中长时间地存在，然后进入到生物体内，在它们中毒和死亡的过程中从一个传到另一个。它们也会在地下溪流中神秘地穿行，当它们出现的时候，它们通过空气和阳光的共同作用，以新的形式出现，杀死植物，使牛生病，并对喝清水的人们造成未知的危害。而那些井水曾经是多么的纯净。阿尔伯特·史威哲曾说过："人甚至都无法认出自己创造的魔鬼。"

名师点评

引用名言，形象地说明化学物质对环境的危害之大。

生活在地球上的生命花了数亿年的时间，不断地发展、进化和多样化，才达到与周围环境相适应和平衡的状态。环境精确地塑造和指引、支配着这些生命。环境也被它所支配的生命严格地塑造和指导着，它包含着对生命有害和有益的元素。一些岩石有危险的辐射；而所有生命都从中汲取能量的太阳光也有具有伤害力的短波辐射。在一定时间内，不是几年，而是几千年，生命会自己调整，然后达到平衡。因为时间是必不可少的要素，但是在现代世界，却没有时间这个概念。

名师点评

强调了时间在生态平衡中的重大作用和生态达到平衡所需的时间之长。

高速的变化和创新反映着人们不自然的、冲动而不顾后果的步伐。辐射不再仅仅来自岩石、宇宙射线和地球上没有生命之前就已经存在的阳光中的紫外线，而且还来自人类创造、合成的各种人工产物。促使生命进行调整的化学物质不再仅仅是钙、二氧化硅、铜和其他从岩石中冲出并在河流中运送到大海的那些矿物；它们是人类用自己具有创造性的大脑合成的，是在人类的实验室中创造的，并且在自然界中是无法产生的。

要适应这些化学物质，大自然需要花费大量的时间；这不仅需要人的一生，甚至需要几代人的时间。即使这样，如果有奇迹发生的话，那结果也是徒劳的，因为来自实验室的新化学物质层出不穷。仅在美国，每年就有近500种化学合成物被实际使用。这个数字是惊人的，其含义也不难理解——每年人和动物的身体都需要以某种方式去适应500种新的化学物质，这些化学物质完全超出了生物所能承受的范围。

其中的许多化学物质是在人类与自然的斗争中使用过的。自20世纪40年代中期以来，人们已经创造了200多种基本化学物质，用于杀死昆虫、杂草、啮齿动物和其他在现代语言中被称为"害虫"的生物。这些化学物质以数千种不同的商品名称出售。

现在，这些喷雾、粉尘和气溶胶被普遍用于农场、花园、森林和家庭。这些非选择性的化学物质可以杀死各种昆虫，无论好坏，让鸟儿的歌声和鱼儿的轻跃戛然而止[1]，给树叶盖上死亡的薄膜，并在土壤中徘徊——或者人们只是想用它们杀死一些杂草或昆虫。这可能吗？地球上被投下如此多的毒药而它还可以适合所有生命居住？它们不应被称为"杀虫剂"，而应被称为"杀生剂"。

喷洒药物的整个过程似乎陷入了无休止的、螺旋式的循环中。自从滴滴涕被允许民用以来，更多的有毒物质就不断地出现。之所以发生这种情况，根据达尔文

名师点评

用具体的数字说明新的化学合成物的数量之多，很有说服力。

思考探究

为什么要称之为"杀生剂？"

---

[1] 戛然而止：形容声音突然中止。

的适者生存的原理，是因为昆虫在这个过程中进化出了超级品种。这些超级品种对所使用的特定杀虫剂具有免疫力①，所以必须开发出一种新的致命的杀虫剂，当昆虫适应之后再开发一种更致命的杀虫剂。发生这种情况的原因我们后面还会继续解释，害虫会在喷洒后进行"反扑"，其数量要比以前还要多。因此，暴力的化学战永远不会胜利，所有生命都深陷于这场恶战之中。

暂且不提人类因核战争而灭绝的可能性，我们这个时代最主要的问题是：人类用具有巨大危害风险的物质污染了整个环境。这些物质积聚在动植物的组织中，甚至通过渗透生殖细胞来破坏或改变遗传，进而改变未来世界的形态。

我们的一些所谓的未来"建筑师"一直期待可以设计和改变人类细胞的原生质。现在，我们可以仅仅因为疏忽大意就能做到，因为许多化学物质，如同辐射一样会导致基因突变。更讽刺的是，人类可以通过像选什么样的杀虫剂这样的小事来决定自己的未来。

做这些事情都是在冒险——为什么还要这样做？未来的历史学家可能会对我们低下的判断力感到十分惊讶。聪明的人类怎么会以污染整个环境，给自己带来疾病和死亡威胁的方式，来控制一小部分的有害物种？但是，这就是我们所做过的。此外，当我们再次审视使用这些杀虫剂的理由时，发现它们根本就站不住脚。我们被告知，大量大范围地使用杀虫剂对维持农业生产是必要的。但是，我们现在面临的真正的问题不就是生产过剩的问题吗？尽管我们采取了种种措施，使农场减少了

名师点评

"甚至""进而"等递进关系的关联词语，准确地说明了这些物质给世界带来的巨大影响。

名师点评

"聪明"一词透露着讽刺意味。

---

① 免疫力：生物不受某种病害感染的防御能力。亦比喻人们抵御错误思想、行为侵袭的能力。

耕地，给不生产的农民发放补贴。但我们的农场还是生产出大量的农作物，以致于美国纳税人在1962年这一年就为储存过多的粮食支付了超过10亿美元的费用。虽然农业部的一个部门试图减少产量，但另一些州在1958年后仍然认为，根据土地修养补贴制度的规定，减少农作物的种植面积将激发人们使用化学物质的兴趣，以便在保留农作物的土地上获得最大的产量，所以发放补贴只会让使用化学物质的情况更糟糕。

列举这些并不是说没有害虫问题，也不是说不需要控制。我的意思是说，控制必须针对现实，而不是针对神话般的情况，所采用的方法必须确保我们不会和害虫一起被毁灭。

试图解决这一问题而带来的灾难，是随着现代生活方式产生的。在人类时代开始之前，昆虫就生活在地球上，它们是一群十分多变且适应能力强的生物。自人类出现以后的一段时间内，超过一百万种昆虫中，只有其中的一小部分以下面两种方式与人类的幸福生活发生着冲突：和人类争夺食物和传播疾病。

在人多的地方，尤其是卫生条件差的情况下，例如自然灾害、战争或极端贫困和物质匮乏的时候，携带疾病的昆虫变得十分可怕。这时控制就变得十分必要了。但有一个醒目的事实：正如我们现在所看到的那样，用大规模化学品控制的方法仅取得了有限的成功，并且还弱化了一些遏制这些昆虫的条件。

在原始农业时期，农民几乎没有遇到昆虫问题。这些问题是随着农业的规模化而产生的——用大面积土地种植单一农作物。这种耕作方式导致了特定昆虫种群的爆炸性增长。这种耕作方式没有利用自然的原理，正如

名师点评

"而不是"突出了作者对控制害虫这一问题的审慎态度，体现了作者语言的严谨。

名师点评

"几乎"一词非常准确，说明有例外情况发生。

工程师一直预想的那样。大自然为大地风景带来了多种多样的变化，但人类却表现出让这些变化变得单一的热情。因此，人类消除了自然界将物种保持在一定范围之内的内在平衡。一种重要的自然抑制方式是将每一个物种限制在合适的栖息地内。显然，以小麦为生的昆虫数量在专门种植小麦的农场中比在种植小麦和其他不适合这种昆虫的农作物混杂的农场中，要多得多。

在其他情况下也会发生相同的事情。一代人或更早以前，美国大片城镇的街道两旁都是高大的榆树。现在，他们创造的这种美丽遭到了破坏，因为一种由甲虫携带的疾病蔓延到了榆树上。如果这些榆树稀稀落落地长在有着各种树木的树林中，那么这种甲虫建立大量的种群并在树木之间传播疾病的可能性会小很多。

名师点评

用榆树的例子进行说明，很有说服力。

现代昆虫问题中的另一个因素，也是我们必须在地质历史和人类历史背景下考虑的一个因素：成千上万种不同种类的生物从它们的家乡来到新土地上开枝散叶①。英国生态学家查尔斯·埃尔顿在他的最新著作《入侵生态学》中对这种全球性的迁徙进行了研究和形象的描述。在大约1亿年前的白垩纪时期，洪水淹没了大陆之间的许多陆桥，生物发现自己被限制在埃尔顿所说的"巨大的独立自然保护区"中。在那里，它们与其他同类隔离开来，发展出许多新物种。大约1500万年前，当一些土地再次连接在一起时，这些物种开始迁徙到新的地方。这一运动不仅现在还在进行中，而且正得到人类的大力帮助。

名师点评

引用最新的科研成果，一方面说明作者一直在关注科技界的动向，另一方面也增强了说服力。

植物的进口是现代物种传播的主要推动力，因为动

---

① 开枝散叶：指生物的生殖繁衍，群体扩大。

物几乎总是与植物并存，检疫只是相对较新的但并非完全有效的方法。仅美国植物引种办公室就引进了来自世界各地的近 20 万种植物。在美国 180 种左右的主要植物害虫中，有将近一半是意外地从国外进口的，其中大多数是随着进口的植物一起来的。

在新的土地上，由于没有原来土地上那些天敌的束缚，入侵的植物或动物会泛滥成灾。因此，我们最厌恶的害虫是那些从外地引进的物种，这绝非偶然。

这些入侵，无论是自然发生的，还是通过人类进口的物种而产生的，都可能无限期地持续下去。检疫和大规模的化学药物投放只是花费很大的代价以赢得时间。根据埃尔顿博士所说，我们正处于"生死攸关①的时刻，需要的不仅仅是寻找抑制某种植物或动物的新技术手段"，更重要的是掌握动物种群及其与周围环境的关系的基础知识，以"促进平衡，并抑制疾病和新入侵物种的爆发"。

现在我们拥有许多有用的知识，但是我们没有使用它。我们的大学培养生态学家，我们的政府雇用他们，但我们却很少听取他们的建议。我们让化学的死亡之雨看似别无选择地落下，而实际上我们却有很多选择，如果有机会，我们的智慧还会发掘出更多的选择。

我们是否陷入了迷茫，使我们无法避免地接受劣等或有害的东西，好像失去了要求好的意愿？用生态学家保罗·舍帕德的话说，这样的想法"我们的生命理想，就是仅将头部伸出水面，看到容忍环境破坏底线上的几英寸……我们为什么要忍受有毒的饮食，居住在千篇一

---

① 生死攸关：指生死存亡的关键。

名师点评

用具体的例子和数字准确地说明了检疫并非完全有效。

思考探究

在作者介绍的情况下，我们真的会有很多选择吗？想一想，你的选择是什么？

律①的环境里，与不是敌人也不是朋友的人打交道，活在足以造成精神错乱的电动机的噪音中？谁会想生活在一个仅仅只能称得上是'不致命'的世界中？"

然而，这样的世界即将来到我们身边。创造化学无菌、无昆虫世界的改革运动似乎引起了许多专家和所谓的疾控机构的狂热。每个方面都有证据表明，从事喷洒工作的人行使着无情的权力。"负责监管的昆虫学家作为检察官、法官和陪审团、税务评估者、收税人和警长，去执行他们自己的命令。"康涅狄格州昆虫学家尼里·迪莫说。这种最明目张胆的滥用职权，<u>竟然</u>在州和联邦机构中都行得通。

名师点评

"竟然"一词表达了作者的惊讶之情，暗含着作者的强烈不满。

我的主张不是完全不使用化学杀虫剂。我确实认为，我们已将有毒和具有生物效力的化学品随意地不加限制地扔到了人们手中，而这些人基本上或完全不知道这些东西隐藏的危害。我们使无数的人与这些毒药接触，<u>而他们根本什么都不知道</u>。如果《人权法案》没有任何关于公民免受私人或公职人员散布的致命毒药侵害的保证，那肯定是因为我们的祖先，尽管他们有足够的智慧和远见，却没有预见到这样的问题。我也认为，我们已经允许使用这些化学物质，但是它们对土壤、水、野生动植物和人类自身的影响，我们却很少甚至根本没有进一步研究。我们的大自然支持着所有的生命，我们却对它的完善缺乏深谋远虑②，这一行为很难得到下一代人的宽恕。

名师点评

这句话说明人们对毒药的危害不了解，这也是滥用毒药的一个原因。

我们对风险的认识仍然非常有限。这是一个专家

---

① 千篇一律：一千篇文章都一个样。指文章公式化。也比喻办事按一个格式，非常机械。

② 深谋远虑：指计划得很周密，考虑得很长远。

的时代，每一个专家只关注自己的问题，这是没有发现或者不愿承认化学物质带来的小问题的主要原因。这也是一个由工业主导的时代，在这个时代中，不惜代价赚钱的权利很少受到谴责。当公众抗议时，面对一些明显的施用杀虫剂导致的破坏性结果的证据，一个所谓的真相就足以安抚大众。我们迫切需要制止这些错误的保证，不必再去粉饰这些让人不快的事实。公众被迫承担着害虫控制者计算出的风险。公众只有在充分掌握事实的情况下才能决定是否继续在现行的道路上走下去。用让·罗斯塔德的话说："忍受的义务赋予我们知情权。"

名师点评

引用名言，强调了知情权的重要。

阅读鉴赏

在这一章节中，作者首先说明了人类在改变自然环境上的重大作用，然后向读者展现了人类使用化学物质的后果以及原因，接着作者明确了自己的态度"我的主张不是完全不使用化学杀虫剂"。在这一过程中，作者列举了大量的事例和具体的数字，极具说服力。

知识拓展

知情权

知情权又称为了解权或知悉权。就广义而言，是指寻求、接受和传递信息的自由，是从官方或非官方获知有关情况的权利；就狭义而言则仅指知悉官方有关情况的权利。从内容上讲，知情权包括接受信息的权利和寻求获取信息的权利；后者还包括寻求获取信息而不受公权力妨碍与干涉的权利以及向国家机关请求公开有关信息的权利。1946 年联合国大会通过的第 59(1) 号决议，将知情权列为基本人权之一。《世界人权宣言》中明确指出：每一个人都有权利通过各种途径寻求、接受和传递信息，这是生而为人的自由。

考题链接

1. 写出下列句子所用的修辞方法。

（1）阿尔伯特·史威哲曾说过："人甚至都无法认出自己创造的魔鬼。"
（　　）

（2）谁会想生活在一个仅仅只能称得上是不致命的世界中？（　　）

（3）"门前一树槐，进宝又招财。"槐树不仅是祥瑞的象征，对人类的贡献也是很慷慨的。（　　）

（4）那一棵棵浓密高大的槐树上，挂着让人感到震撼却又显得娇媚无比的花朵，温柔地在春风中绽放。（　　）

2. 下列各句中加点的成语，使用有误的一项是（　　）。

A. 经过几年高速的发展，被誉为"梦境家园"的黄姚起了翻天覆地的变化。

B. 老张喜欢收藏古董，房间里摆得到处都是，简直是汗牛充栋。

C. 中国维和警察牺牲的消息传回，许多网友不能自已，纷纷发帖表示哀悼。

D. 在面对一些施用杀虫剂造成的严重后果时，我们不需要粉饰太平。

3. 下列句子没有语病的一项是（　　）。

A. 我们坚信有这么一天，滥施杀虫剂成为每个国家不得不面对的现实。

B. 夏汛将至，国家防汛总指挥要求各地采取加强宣传，积极准备，使长江安全度汛。

C. 这家工厂通过改进生产流程，使生产效率比原来提高 1.5 倍，产品耗能比原来减少了 1.2 倍。

D. 和平时代，我们仍然要继承和发扬革命先烈的优良传统。

扫码领取
✔ 写作良方
✔ 知识汇总
✔ 好词佳句
✔ 名著音频

第三章 死亡的药剂

名师导读

合成杀虫剂已经分布到我们生活的这个地球的每个角落，它们的残留物不仅危害着动物，更危害着人类自身，酿成了一桩桩惨案。那么，它们是怎样危害人类的呢？

这是人类历史上，每个人从出生前到死亡都必须接触危险化学物质的时代。在不到二十年的时间里，合成杀虫剂已经在整个有生命和无生命的世界中无处不在。它们存在在大多数河流中，甚至在我们看不见的地下水中循环。这些土壤中的化学残留物，可能是十几年前留下来的。它们已经普遍进入并停留在鱼、鸟、爬行动物以及其他家养和野生动物的体内，以至于进行动物实验的科学家发现，几乎不可能找到免于污染的动物。在偏远山区湖泊中的鱼、土壤深处的蚯蚓、鸟蛋甚至人体内，都发现了化学药物。大多数人的体内都有这些化学药物，无论是年幼的还是年长的。母亲的乳汁中有，胎儿的体内也可能有。

所有这些都是由于生产具有杀虫性能的人造合成化学药物工业的崛起和突飞猛进产生的。这是第二次世界大战的产物。在化学武器的开发过程中，实验室中产生的某些化学药物被发现对昆虫具有致命性。这一发现并

名师点评

用时间之短和分布范围之广形成鲜明对比，使读者印象深刻。

名师点评

"可能"一词说明没有经过验证，体现了说明文语言的准确性。

不是偶然的：昆虫被广泛用于化学药物的测试，而这些药物原本是试图让人类死亡的药剂。

于是就产生了无穷无尽的合成杀虫剂。与战前较简单的无机杀虫剂不同的是，新的杀虫剂是人通过巧妙地对分子进行实验室操作，如替换原子，改变分子和原子的排列方式而得来的。它们的原料来自天然矿物质和植物：砷、铜、铅、锰、锌和其他矿物质的化合物；来自干燥的菊花中的除虫菊，来自烟草中的烟碱硫酸盐，以及来自东印度群岛豆科植物中的鱼藤酮。

新型合成杀虫剂与众不同的是它们巨大的生物学效能。它们不仅具有巨大的毒性，而且可以进入生物体内以邪恶致命的方式改变生命的进程。因此，正如我们将要看到的，它们破坏了保护人体免受伤害的酶，阻止了人体吸收能量的氧化过程，阻止了各种器官的正常功能，并且它们可能在某些情况下引发细胞缓慢而不可逆的变化，甚至导致恶性肿瘤。

然而，每年都有新的和更致命的化学药物被研制成功，并投入使用，与这些物质的接触实际上已在全世界范围内发生。美国的合成杀虫剂产量从1947年的1.24多亿磅猛增到1960年的6.37多亿磅，增长了5倍多。这些产品的批发价值超过了2.5亿美元。但是，按照这个工业的计划和希望，这样巨大的生产仅仅是开始。

杀虫剂名录是我们所有人应该关心的问题。如果我们要与这些化学药物亲密地生活在一起——吃它们，喝它们，将它们带入我们的骨髓——我们最好对它们的性质和功能有所了解。

尽管第二次世界大战标志着杀虫剂已经从无机化学

物转变为碳分子的神奇世界，但仍保留了一些旧原料。其中主要的是砷，砷仍然是各种除草剂和杀虫剂中的基本成分。砷是一种剧毒矿物，广泛存在于各种金属矿石中，在火山、海洋和泉水中的含量极低。它与人的关系是多样的和历史性的。由于含砷的许多化合物无味，因此从波尔基亚家族时代到现在，它一直是杀人凶手的最爱。砷是第一种公认的基本致癌物质。在大约两个世纪前被一位英国医生在烟囱烟灰中发现并将其与癌症联系在一起。有记录表明，慢性砷中毒是长期存在的，并涉及整个人类的流行病。砷污染了环境，还造成了马、牛、山羊、猪、鹿、鱼类和蜜蜂的疾病和死亡。尽管有这样的记录，砷喷雾和粉尘仍被广泛使用。美国南部用砷喷洒棉花，养蜂业则几乎消失了。长期使用砷粉尘的农民遭受了慢性砷中毒的困扰。牲畜已经被含有砷的农作物喷雾剂或除草剂毒害。蓝莓地上飘散的砷尘已经散布在附近的农场里，污染了溪流，毒害了蜜蜂和牛，并造成人类的疾病。"这几乎是不可能的：与近年来在美国实施的那种做法相比，处理砷类药物时完全不顾整体健康问题，"环境癌症研究机构美国国家癌症研究所的W.C.惠帕博士说，"任何观看过工作中的杀虫剂喷粉器和喷雾器的人都会对喷洒有毒物质时明显的疏忽大意印象深刻。"

现代杀虫剂当然更加致命。绝大多数属于两大类化学药物中的一种。一类以滴滴涕为代表，被称为"氯化烃化合物"；另一类由有机磷杀虫剂组成，以大家熟知的马拉硫磷和对硫磷为代表。所有的杀虫剂都有一个共同点。如上所述，它们是基于碳原子构建的，碳原子也是环境中必不可少的组成部分，因此被归类为"有机"。

名师点评
说明砷在杀虫剂中的使用十分普遍。

名师点评
用具体的例子说明使用含砷杀虫剂的巨大危害。

名师点评
用分类别的方法进行说明，使读者的形成清晰的印象。

要了解它们，我们必须知道它们是由什么制成的，以及它们如何与构成所有生命的基础化学联系在一起，它们为什么会成为死亡的诱因。

基本元素碳是一种原子，它几乎具有无限的能力，可以与链状、环状和其他构型的碳原子相结合，也可以与其他物质的原子连接。确实，从细菌到大蓝鲸，生物的多样性令人难以置信，这在很大程度上归因于碳的这种能力。复杂的蛋白质分子以碳原子为基础，脂肪、碳水化合物、酶和维生素的分子也是如此。因此，也有大量含碳原子的非生物，因为碳不一定是生命的象征。一些有机化合物只是碳和氢的组合。其中最简单的是甲烷，也称沼气，是自然界的有机物在水中由细菌分解产生的。甲烷与空气按适当比例混合后，成为煤矿上可怕的"瓦斯"。它的结构非常简单，由一个碳原子和四个氢原子组成：

$$
\begin{array}{ccc}
H & & H \\
& C & \\
H & & H \\
\end{array}
$$

将三个氢原子换成氯原子，我们得到了麻醉剂——氯仿：

$$
\begin{array}{ccc}
H & & Cl \\
& C & \\
Cl & & Cl \\
\end{array}
$$

用氯原子代替所有氢原子，结果得到四氯化碳，这是我们熟悉的清洁剂：

$$
\begin{array}{ccc}
Cl & & Cl \\
& C & \\
Cl & & Cl \\
\end{array}
$$

用最简单的术语来说，最基本的甲烷分子上的这些变化说明了氯化烃是什么。但是，这个图示几乎没有说明烃类化学物真正的复杂性，也看不出有机化学家通过其创造无限多种材料的操作。因为他可能会使用由许多碳原子组成的碳氢化合物，而不是只有单个碳原子的简单甲烷分子，碳氢化合物原子排列成环或链，并带有侧链或支链，它们不仅通过氢或碳原子简单地与化学键相连，氯也有各种各样的化学基团。通过表面上的细微变化，物质的整体特性得以改变。例如，不仅附着在碳原子上的元素十分重要，而且附着在碳原子上的位置也非常重要。这种巧妙的操纵产生了一连串具备真正超凡力量的毒药。

滴滴涕是由一位德国化学家在 1874 年首次合成的，但直到 1939 年，人们才发现它杀虫的特性。滴滴涕被认为可以在短时间内消灭由昆虫传播的疾病和农作物的破坏者。滴滴涕杀虫作用的发现者——瑞士的保罗·米勒荣获了诺贝尔奖。现在，滴滴涕的使用如此普遍，以致大多数人认为该产品具有人们所熟悉的无害特性。滴滴涕无害的神话也许基于这样一个事实，即滴滴涕的用途之一是战争时期喷洒在数千名士兵、难民和囚犯身上，为他们除去虱子。人们普遍认为，既然有如此多的人都与滴滴涕接触了，而且没有不良的影响，那么这个化学药物肯定无害。这种误解源于以下事实：与其他氯化烃不同，粉状滴滴涕不易通过皮肤被吸收。滴滴涕通常溶解在油中，这种状态下则具有毒性。如果被吞下，它会被消化道缓慢地吸收；它也会被肺吸收。进入人体后，它会大量储存在富含脂肪的器官（因为滴滴涕本身是脂溶性的）中，例如肾上腺、睾丸或甲状腺。相当多的一部分会沉积在肝脏、肾脏和保护性的肠系膜的脂肪中。

名师点评

解释杀虫剂在原子层面的制作过程，通俗易懂。

名师点评

分析人们认为滴滴涕无害的原因，有理有据。

这种滴滴涕的储存量从可理解的最小化学品摄入量开始（以大多数食品中的残留物形式存在），一直持续到很高的水平为止。脂肪储存库可以用作生物放大器，因此饮食中小到每千万分之一的摄入量，就可导致百万分之十至十五的储存量，增加了一百倍或者更多。这些参考数据对于化学家或药理学家来说很常见，对我们大多数人来说却是陌生的。百万分之一听起来非常少——也确实如此。但是这些物质的效用是如此巨大，即便是微量都可以在体内引起巨大的变化。<u>在动物实验中，已发现百万分之三的药量就可抑制心肌中的一种主要酶的活动，百万分之五就可以引起肝细胞坏死或分解。和滴滴涕极为相似的化学药物狄氏剂和氯丹，只要百万分之二点五就具有相同的功效。</u>这真的不足为奇。在人体的正常化学反应中，因果之间存在着这种巨大的差异。例如，万分之二克的碘就能决定疾病或者健康。由于这些少量杀虫剂被累积存储但排出缓慢，因此，其导致的肝脏和其他器官的慢性中毒和退行性改变是极有可能的。

人体内可以储存多少滴滴涕，科学家们的看法不一。美国食品药品监督管理局首席药理学家阿诺德·莱曼博士说，人体既没有吸收滴滴涕的下限，也没有吸收和储存它的上限。另一方面，美国公共卫生署的威兰德·海耶斯博士认为，每个人的体内都有一个平衡点，超过这个数量的滴滴涕会被排出。出于说话者的实际目的，哪一个是正确的并不特别重要。在对人体的储存情况进行了充分的调查以后，我们知道了普通人储存的潜在有害量。根据各种研究，滴滴涕中毒的（不可避免的饮食除外）个体存储平均量为百万分之五点三至百万分之七点四，其中农业工人是百万分之十七点一，而杀虫剂工厂的工人高达百万分之六百四十八！因此，已证实的个体储量范围非常宽，更重要的是，最小的数值也可能高于导致肝脏和其他器官或组织受损的含量标准。滴滴涕和相关化学药物最危险的特征之一是它们通过食物链的所有环节从一种生物传播到另一种生物。例如，在苜蓿田里撒上滴滴涕，后来又把苜蓿草作为食物喂给母鸡。母鸡的蛋里面就含有滴滴涕。或者，把含有百万分之七至百万分之八残留物的干草喂牛，牛奶中滴滴涕的含量约为百万分之三，但是用这种牛奶制成的黄油中的滴滴涕浓度可能达到百万分之六十五。通过这样的转移过程，最初少量的滴滴涕可能会积累到较大剂量。现在，尽管食品和药品监督管理局禁止各州间运输的牛奶中存在杀虫剂残留物，但农民发现很难获得未被污染的奶牛饲料。杀虫剂也可能由母亲传给后代。在食品药品监督管理局的科学家测试的样品中，已经从母乳中检测到了杀虫剂残留物。这意味着母乳喂养的婴儿正在接受化学毒素少量但有规律的"补充"，有毒化学物质则不断增加。但是，这绝不是婴儿的第一次接触有毒化学物：有充分的理由相信，接触从胎儿在子宫内时就开始了。在实验动物体内，氯化烃类杀虫剂可自由穿过胎盘屏障，而胎盘屏障是胚胎与母亲体内有害物质之间的传统保护层。虽然人类婴儿所接受的剂量通常很少，但并不意味着无关紧要，因为婴儿比成年人更容易中毒。这种情况也意味着，今天，几乎每个普通人都是从储存这些日渐增长的化学物质开始其生命的。

　　所有这些事实——即使人体在很低的水平下开始存储毒素，随后的积累，以及正常饮食中的化学物质残留也很容易导致肝损伤的发生，美国食品药品监督管理局

名师点评

语言准确，"之一"一词表明这只是其中的一个方面。

名师点评

用科学检测来说明，更有说服力。

名师点评

引用科学家的结论说明滴滴涕的危害。

名师点评

运用具体的数字说明最终积累的剂量之大，触目惊心。

名师点评

用具体的例子说明中毒之后发作的迅速。

的科学家们早在 1950 年就宣布："滴滴涕潜在的危险被低估了，它极有可能造成肝癌。"在医学史上还没有类似的情况，还没有人知道最终的后果是什么。

氯丹是另一种氯化烃化合物，具有滴滴涕的所有令人厌恶的特性以及一些独特的属性。残渣持久存留于土壤中、食品中或其他物品的表面上，只是它非常容易挥发。接触它的人有吸入中毒的危险。氯丹利用所有可能的门路进入人体内。它容易渗透皮肤，也可能作为蒸气被吸入，如果吞下它的残留物，还会从消化道被吸收。像所有其他氯化烃一样，其沉积物也会在体内积累。饲料中即便含有极少量的氯丹，如百万分之一点五，可能最终导致实验动物的脂肪中氯丹储量高达百万分之七十五。

如雷曼博士这样经验丰富的药理学家所说，氯丹是"最具毒性的杀虫剂之一，任何接触它的人都可能中毒"。但郊区居民置之不理，竟毫无顾忌地把氯丹加入到治理草坪的粉剂中。这些郊区居民可能不会立即发病，因为毒素可能会在他的体内长时间潜伏，但是，几个月或几年后，这种毒素的作用就会显现出来，但那时病因已经很难查到了。另一方面，死亡可能会很快到来。一名受害者不小心将百分之二十五的溶液洒在皮肤上，在 40 分钟内出现中毒症状，然后在医疗救护到来之前就死亡了。这种中毒症不可能预先警告，所以中毒者一般不能够获得及时抢救。

七氯是氯丹的一种成分，以单独的制剂出售。它具有很好的在脂肪中储存的能力。如果食物中有仅仅千万分之一的含量，在人体内的七氯的含量就可以被检测到。它也具有一种少见的能力，可以转变为化学性质不同的物质——环氧七氯。七氯它在土壤以及动植物的组织中都会如此变化。对鸟类的测试表明，这种变化所产生的环氧七氯的毒性约为原来的化学药物的 4 倍，而原来的化学药物的毒性是氯丹的 4 倍。

早在 20 世纪 30 年代中期，就发现了一种特殊的烃——氯化萘。它会使直接接触的人患上罕见且致命的肝病。它已经导致电气行业工人的疾病和死亡。最近，在农业中，它被认为是导致牛神秘死亡的原因。鉴于这些先例，属于这一类的三种杀虫剂在所有烃类化合物中毒性最强便不足为奇了。这些杀虫剂就是狄氏剂、艾氏剂以及安德萘。

狄氏剂以德国化学家狄尔斯的名字命名，吞食时的毒性约为滴滴涕的 5 倍，但其溶液经皮肤吸收后，其毒性约为滴滴涕的 40 倍。众所周知，它会迅速发起攻击并对神经系统产生可怕影响，使受害者陷入惊厥。中毒的人恢复得很缓慢，足以显示其绵长、缓慢的毒性。与其他氯化烃一样，这些长期毒性会严重损害肝脏。尽管其使用后野生动植物遭到了毁灭性破坏，但其残留物的持久作用和显著的杀虫作用使其成为当今最常用的杀虫剂之一。经鹌鹑和野鸡测试，它的毒性是滴滴涕的 40 至 50 倍。

我们对狄氏剂如何在体内存储或分布的认识存在巨大空白，由于化学家在设计杀虫剂方面的独到见解，很早以前就超越了关于这些化学药物影响生物体的方式的生物学知识。但是，各种迹象表明，这些化学药物长期储存在人体中，它们像沉睡的火山一样处于休眠状态，当人体因生理压力巨大而动用脂肪储备时，它们就会突然爆发。我们所知道的许多东西是通过世界卫生组织开

名师点评

运用具体的数字和作比较的方法，说明毒性越来越大，对人类的危害也越来越大。

名师点评

用列数字和作比较的方法说明狄氏剂的毒性之大。

展的抗疟疾运动的艰辛经历学到的。在防疟工作中，狄氏剂替代了滴滴涕（因为蚊子已经对滴滴涕产生了抗药性），喷药人员中毒的情况开始发生。病情十分严重，中毒的人有一半到全部（在不同的程序中有所不同）发生抽搐，还有几人死亡。有些人在中毒的4个月后，才开始出现抽搐。

艾氏剂是一种神秘的物质，尽管它作为一个独立的实体存在，但它仍与狄氏剂有着紧密的联系。从用艾氏剂喷洒过的苗圃中的胡萝卜里，科学家发现了狄氏剂的残留物。这种变化发生在有机组织和土壤中。这种炼金术式的转变导致了许多错误的报道，因为化学家会对艾氏剂的使用进行测试，但并不知道上述变化，以至于他们认为所有的残留物都消失了。事实是残留物还在，但它们是狄氏剂，因此需要不同的测试才能发现。

像狄氏剂一样，艾氏剂也有剧毒。它会引起肝脏和肾脏的退行性病变。阿司匹林药片大小的剂量就可以杀死400多只鹌鹑。有很多人中毒的案例记录在案，其中大多数与工业接触有关。

像大多数此类杀虫剂一样，艾氏剂也向未来投射了一个威胁，即不孕不育的阴影。野鸡食物中的艾氏剂剂量太少还不致死，但野鸡却因此很少产卵，并且孵出的小鸡很快就死了。这样的影响不仅仅限于鸟类。受艾氏剂毒害的老鼠受孕率低，幼鼠病弱且寿命短。受艾氏剂影响的母犬所生的幼犬在3天内便死亡了。新一代会因其父母遭受的毒害而受难。没有人知道其对人类是否也具有同样的影响，但是这种化学药物已经用飞机喷洒到郊区和农田了。

安德萘在所有氯化烃中毒性最强。尽管化学性质上它与狄氏剂密切相关，但其分子结构中的少许变化使毒性放大了 4 倍。相比之下，所有这些杀虫剂的祖先——滴滴涕——显得几乎无害。安德萘对哺乳动物的毒性是滴滴涕的 15 倍，对鱼类的毒性是 30 倍，对某些鸟类的毒性约为 300 倍。

在其使用的十年中，安德萘杀死了大量鱼类，毒死了误入喷了杀虫剂果园的牛，污染了井水。至少有一个州的卫生部门发出警告：不慎使用它，正在危害人类生命。

在一起最悲惨的安德萘中毒事件中，没有明显的疏漏。人们已经做出努力，采取了被认为是足够的预防措施。一个一岁的美国婴儿，他的父母带着他住在委内瑞拉。他们搬进的房子里有蟑螂，几天后，他们使用了含有安德萘的杀虫剂。一天上午大约九点，在喷洒杀虫剂之前，婴儿和家里的小狗被带出了屋子。喷药以后，地板被擦洗了。婴儿和小狗在下午回到家。一个小时后，小狗开始呕吐，然后抽搐而死。同一天晚上 10 点，婴儿也开始呕吐、抽搐，并失去知觉。在与安德萘进行致命的接触后，这个正常、健康的孩子变得像一个木头人——在频繁的肌肉痉挛[①]中看不见也听不到，显然完全与周围环境的隔绝开了。在纽约一家医院进行的几个月治疗也不能改变他的病情，或者带来任何改善的希望。主治医生报告说："会不会出现任何有用的恢复，都是很难说的。"

第二大类杀虫剂——烷基或有机磷酸酯，是世界上最具毒性的化学药物之一。使用它们时，最主要和最

思考探究

人类已经做出足够的努力，悲剧却仍然发生了，这说明了什么？

---

① 痉挛：肌肉突然紧张，不自主地抽搐的症状。

明显的危害是，使用喷雾剂或不慎接触到风吹来的喷雾剂，以及与沾上它的植物或被丢弃的容器稍有接触的人会急性中毒。在佛罗里达州，两个孩子找到了一个空袋子，用它修理了秋千。此后不久，他们俩都死了，他们的三个玩伴也生病了。这个袋子曾经装着一种叫作对硫磷的杀虫剂，这是一种有机磷酸酯。检查确认是对硫磷中毒导致死亡。另外一次，在威斯康星州的两个表兄弟在同一晚死亡。其中一个小男孩是独自在院子里玩耍，当时他父亲正在毗邻的田野中用对硫磷喷洒马铃薯，飘来的喷雾剂接触了他。另一个小男孩追着他的父亲，嬉戏地闯入谷仓，将手放在了喷雾器的喷嘴上。

这些杀虫剂的来源具有一定的讽刺意义。尽管其中一些化学药物本身——磷酸的有机酯——已广为人知，但其杀虫性能在 20 世纪 30 年代后期才被德国化学家格哈德·施雷德尔发现。德国政府几乎立即意识到，这些化学药物在人类的战争中具有作为武器的毁灭性的价值，而对它们的研究工作被宣布为秘密。一些化学药物变成了致命的神经毒气。其他一些与之紧密联系的化学药物成为杀虫剂。

有机磷杀虫剂以独特的方式作用于生物体。它们具有破坏酶的能力，而酶在生物体内有着必要的功能作用。这种杀虫剂的目标是神经系统，无论受害者是昆虫还是恒温动物。在正常情况下，神经脉冲①借助叫作乙酰胆碱的"化学传导物质"在神经之间传递，该物质在履行基本作用之后就会消失。确实，它的存在是短暂的，以至于医学研究人员在没有特殊办法的情况下无法

———————————

① 脉冲：指变化规律类似电脉冲的现象。

在其被破坏之前对其进行采样。这种化学物质的短暂性质对于身体的正常功能必不可少。如果在经过神经脉冲后乙酰胆碱没有被破坏，那么，脉冲继续在神经与神经之间闪动，这种化学物质以越来越强烈的方式发挥作用。于是，整个身体的运动就变得不协调：颤抖、肌肉痉挛、抽搐乃至死亡会迅速发生。

人的身体会对这种意外情况做出应对。人体一旦不再需要某种化学物质，一种称为胆碱酯酶的保护性酶，将立刻将其消除。通过这种方式，人体可以达到精确的平衡，并且不会积聚达到危险含量的乙酰胆碱。但是当人体与有机磷杀虫剂接触时，这种保护酶被破坏，并且随着酶数量的减少，传输的化学物质的数量逐渐增加。在这种作用下，有机磷化合物类似于在有毒蘑菇毒蝇蕈中发现的生物碱——毒蕈碱。反复接触它可能会降低胆碱酯酶的水平，直到一个人达到急性中毒的边缘，在这个边缘上，可能会因很小的另外一次接触而将其推向中毒的深渊。因此，喷雾操作人员和其他经常接触的人员定期抽血检查是很重要的。

对硫磷是使用最广泛的有机磷酸酯之一。它也是毒性最强和最危险的种类之一。与之接触后，蜜蜂会变得"狂躁而好战"，疯狂地用脚做出"清洁"身体的动作，并在半小时内死亡。一位化学家为了最直接地找出对人类产生剧毒影响的剂量，吞下了微量的，大约120毫克的对硫磷。他立刻就瘫痪了，还来不及拿到预先准备的就在手边的解毒剂，便去世了。近年来，加利福尼亚州报告了每年平均有200多起意外的对硫磷中毒事件。在世界许多地方，对硫磷的致死率令人震惊：1958年，印度有100例致命病例，叙利亚有67例，而日本每年平

名师点评
说明人体有自己的保护机制。

名师点评
用具体的例子说明对硫磷的毒性之大，让人毛骨悚然。

名师点评
用具体的数字说明对硫磷的危害巨大。

均有 336 例。

现在，约有 700 万磅的对硫磷通过手动喷雾器、电动鼓风机和除尘器以及飞机施用于美国的农田和果园。根据一个医疗机构的说法，仅加利福尼亚州农场使用的剂量就为"全世界人口致命剂量的 5 至 10 倍。"

使我们免于灭绝的少数情况之一是，对硫磷和其他类似化学药物分解得相当快。因此，与氯化烃相比，它们在农作物上的残留时间相对较短。但是，它们持续的时间也足以造成危险并产生严重甚至致命的后果。在加利福尼亚州的里弗赛德，采摘橘子的 30 个人中有 11 个人中毒症状很厉害，除了一个人之外，其他人都必须住院。他们的症状是对硫磷中毒的典型症状。大约两个星期半前，在树林里喷的对硫磷残留物使他们陷入虚弱、半盲、半昏迷的痛苦之中。这些残留的毒物只存在了 16 至 19 天，这绝不是最长的纪录。在一个月前喷洒农药的树林中也发生了类似的不幸事故。在用标准剂量处理 6 个月后，橘子皮仍有化学剂残留物。

对于在田间、果园和葡萄园中使用有机磷杀虫剂的所有工人而言，其危险性极高，以至于某些使用这些化学物质的州建立了实验室，医生可以在该实验室获得诊断和治疗上的帮助。除非医生戴着橡胶手套，否则医师本身也可能处于危险之中。因此，洗衣店清洗有残留物的衣物的人，也可能因为吸收了衣物上的对硫磷而有危险。

马拉硫磷是另一种有机磷酸酯，几乎与滴滴涕一样为公众所熟悉，它被园丁广泛地用于园林杀虫、家庭灭蚊以及对昆虫的灭杀中，例如，美国的佛罗里达州就喷洒了近百万英亩的土地以消灭地中海果蝇。它被认为是这类化学药物中毒性最低的，许多人认为他们可以自由使用它而不必担心受到伤害。商业广告鼓励这种令人宽慰的态度。

马拉硫磷的所谓"安全性"基于相当不靠谱的理由，尽管直到这种化学药物已被使用多年以后人们才知道这一点。马拉硫磷之所以被认为是"安全的"，仅仅是因为哺乳动物肝脏具有对身体的特殊保护能力，使其显得无害。排毒是通过肝脏的一种酶来完成的。但是，如果某种东西破坏了这种酶或干扰了它的作用过程，那么，被马拉硫磷危害的人就会受到全部毒性的攻击。

不幸的是，对于我们所有人来说，发生这种事情的机会太多了。几年前，美国食品药品监督管理局的一个研究小组发现，同时施用马拉硫磷和某些其他有机磷酸酯，会导致大规模的中毒，其毒性最高可达将两者的毒性相加的 50 倍。换句话说，当两种化合物组合在一起时，每种化合物的致死剂量的百分之一都可能是致命的。

这一发现引发人们对其他组合的测试。现已知道，许多有机磷酸酯杀虫剂具有非常高的危险性，通过联合作用，其毒性会增强。当一种化合物破坏了负责解除另一种化合物毒性的肝脏酶时，它们的毒性发生了增强。它们并不需要同时存在。危害不仅存在于本周用一种杀虫剂喷洒而下周可能用另一种杀虫剂喷洒的工人身上，对于喷雾产品的消费者也存在。普通的沙拉碗可能很容易呈现有机磷酸酯杀虫剂的组合。残留物在法律允许的范围内可能会相互作用。

化学品危险的相互作用的全部内容尚不清楚，但是在科学实验室经常有令人不安的新发现。其中包括，有

名师点评

表露了作者的否定态度。

名师点评

用两种说法，将这种化合物的毒性清晰地展现出来。

机磷酸酯的毒性可以通过第二种试剂来增强，而这种试剂不一定是杀虫剂。例如，一种增塑剂可能比另一种杀虫剂使马拉硫磷的毒性更强，这是因为它抑制了通常会拔出有毒杀虫剂"毒牙"的肝酶。

在正常的人类环境中，还有哪些化学物质呢，特别是我们服用的药品中呢？在这个问题上的研究还只是一个开端，但是已经知道某些有机磷酸酯（对硫磷和马拉硫磷）会增加某些用作肌肉松弛剂的药物的毒性，而其他几种磷酸盐（仍包括马拉硫磷）会显著延长巴比妥类药物导致的睡眠时间。

在希腊神话中，女巫美狄亚因为丈夫伊阿宋出轨而大怒。她向丈夫的新欢展示了一件神奇的长袍。新娘子在穿上长袍后立刻暴死。现在，这种间接的死亡法在所谓的"内吸杀虫剂"中找到了对应物。这些化学药物具有非凡的性能，可将植物或动物变得真正有毒，就像美狄亚的长袍。这样做的目的是杀死与昆虫接触的昆虫，特别是吮吸其汁液或血液的昆虫。内吸杀虫剂的世界是一个怪异的世界，超过了格林兄弟的想象，这与查尔斯·亚当斯的卡通世界最为相似。在这个世界里，童话般的魔法森林变成了一个有毒的森林，在这个世界里，昆虫吞吃叶子或吮吸植物的汁液就会死亡。跳蚤咬了狗就会死，因为狗的血液里有毒；昆虫可能会死于从未接触过的植物释放出的水汽；而蜜蜂可能因为带回有毒的花蜜而生产出含有剧毒的蜂蜜。

在应用昆虫学领域的工作人员意识到他们可以从自然界中获得暗示时，昆虫学家对内吸杀虫剂的研究想法诞生了：他们发现，在含有硒酸钠的土壤中生长的小麦可以免于蚜虫或红蜘蛛的攻击。硒是在世界许多地方的岩石和土壤中存在的天然微量元素，是第一种内吸杀虫剂。

思考探究

自然界存在的天然微量元素还有哪些？

使一种杀虫剂成为全身性（内吸）杀虫剂的原因是：它能够渗透到植物或动物的所有组织并使其具有毒性。这种性质属于某些氯化烃类化学物质和其他有机磷类化学物质人工合成的药物，也属于一些天然存在的物质。然而，实际上，大多数内吸杀虫药物萃取于有机磷基团，因为此种药物的残留物的问题不太严重。

内吸杀虫剂还以迂回①的方式发挥着作用。通过浸泡种子或与碳混合涂在种子上，它们的作用可以扩展到下一代植物中，并长出对蚜虫和其他吮吸昆虫有毒的幼苗。有时会达到保护豌豆、豆类和甜菜等蔬菜的作用。在加利福尼亚州，覆盖着内吸杀虫剂的棉籽已经使用了一段时间。1959 年，那里有 25 名农场工人在圣华金谷地种植棉花时因接触过装着种子的袋子而突然发病。

在英国，有人想知道当蜜蜂采集被内吸杀虫剂处理过的植物花蜜时会发生什么。人们对被一种称为八甲磷的化学药物处理过的区域进行了调查。尽管是在开花之前对植物进行喷雾的，但后来生产的花蜜却仍含有毒素。可以预料，结果就是蜜蜂酿制的蜂蜜也被八甲磷污染了。

名师点评

用具体的事例将毒性在生物间传递准确地展现了出来。

在动物方面，内吸杀虫剂的使用主要集中在控制牛蛆（一种破坏性寄生虫）上。为了在宿主的血液和组织中产生杀虫效果，而不会引起致命的中毒，必须格外小心。两者之间的平衡关系非常微弱，政府的兽医发现，反复的小剂量服用会逐渐耗尽动物的保护性胆碱酯酶的

---

① 迂回：绕圈子，不是正面直接。

供应，因此如果没有引起重视，哪怕只是再多加一点点的剂量，就会引起中毒。

有充分的迹象表明，和我们的日常生活密切相关的领域正不断地开始使用内吸杀虫剂。现在，你可以给你的狗吃一颗药丸，据称它可以使它的血液对其身上的跳蚤产生毒性，从而消灭它们。在治疗牛时发现的危害可能也出现在狗身上。到目前为止，似乎还没有人提出过制造出一种人类内吸杀虫剂，以使我们消灭蚊子。也许这是下一步。

到目前为止，在本章中，我们一直在讨论人类与昆虫的战争中使用的致命化学药物。我们同时与杂草进行的战争又是怎么样的呢？

对一种快速而简便地杀死有害植物方法的渴望引起了人们的广泛关注。越来越多的化学药物被称为除草剂。有关如何使用和滥用这些化学药物的故事将在第六章中讲述。这里关系到我们的问题是，除草剂是否是毒药，使用它们是否会导致并加剧环境污染。

除草剂仅对植物有毒，因此对动物生命没有威胁的传说已广为流传，但不幸的是事实并非如此。除草剂包括作用于植物和动物组织的多种化学药物。它们对生物的作用差异很大。有些是一般的毒药；有些是强大的新陈代谢刺激物，会导致致命的体温上升；有些是单独或与其他化学药物一起诱发恶性肿瘤；有些则通过袭击生物种族的遗传物质引起基因突变。因此，除草剂与杀虫剂一样，包含着一些非常危险的化学药物，如果粗心地使用它们，认为它们是"安全的"，就会导致灾难性的后果。

尽管实验室不断产生新化学药物，但人们仍广泛使用着含砷化合物，它既作为杀虫剂（如上所述），又作为除草剂，通常以亚砷酸钠的形式出现。使用它们的历史并不令人安心。作为路边喷雾剂，它们已使许多农民丧命，并杀死了数不清的野生动物。作为湖泊和水库中使用的除草剂，它们导致公共水不再适合饮用，甚至不适合游泳；作为喷洒在马铃薯田里摧毁藤蔓的喷雾剂，它们已经造成了人类和动物的死亡。

在英国，因为以前用来烧掉土豆藤的硫酸出现短缺，所以 1951 年开始大面积使用含砷除草剂。农业部认为有必要对含砷化学物喷洒过的田地发出危险警告，但这种警告牛是理解不了的，野生动物和鸟类也不会理解这些，并且关于牛中毒的报道也不广为人知。当一个农民的妻子被砷污染的水害死时，一家主要的英国化学公司（在 1959 年）停止生产含砷除草剂，并召回了经销商手里的货品，此后不久，农业部宣布由于对人和牛的高风险性，将对砷的使用施加限制。1961 年，澳大利亚政府宣布了类似的禁令。但是，在美国没有这样的限制措施阻止使用这些毒药。

一些酚类化合物也用作除草剂。它们被认为是在美国使用的最危险的物质之一。二硝基酚是一种强大的代谢刺激剂。由于这个原因，它曾经被当作减肥药，但是减肥药与毒药的剂量之间的差值很小，以至于有几例患者因此死亡，许多人受到永久伤害，直到最终该药物被停止使用。

五氯苯酚是一种同属的化学药物，有时它也被称为五氯酚，也被用作除草剂和杀虫剂，经常喷洒在铁路沿线和荒芜区域。五氯酚对从细菌到人类的各种生物都具有剧毒。像二硝基酚一样，它通常是致命的，因此受到

名师点评

这句话说明了砷化合物用途广泛。

名师点评

点明了美国的在这一方面的落后。

思考探究

减肥药竟然是毒药，由此你想到了什么？

其影响的生物体几乎是在自我毁灭。加利福尼亚卫生局最近报道的一起致命事故证实了它的可怕毒性。罐车司机正在通过将柴油与五氯苯酚混合来制备棉花脱叶剂。当他从桶中抽出浓缩的化学药物时，套管意外地倒回。他赤手伸进桶里重新插住了插头。尽管他立即洗净了手，但还是得了严重的病，第二天就去世了。

亚砷酸钠或酚类除草剂的杀虫效果非常明显，其他一些除草剂的作用则较为隐蔽。例如，现在著名的蔓越莓除草剂氨基噻唑被认为毒性较低。但从长远来看，它引起甲状腺恶性肿瘤的趋势对于野生动植物乃至人类来说都是很可怕的。

除草剂中还有一些被归类为"诱变剂"，它们或许是能够改变基因（即遗传物质）的物质。我们对辐射的遗传效应感到震惊；那么对于有相同效果的，能够在我们周围的环境中广泛传播的化学药物，我们又如何能掉以轻心呢？

阅读鉴赏

在这一章节中，作者用分类别的方式向读者条理清晰地说明了杀虫剂和除草剂的来源，并举出了大量的例子证明这些化学药物毒性的巨大，让读者不禁毛骨悚然。在这一章节中，作者的语言平实，展现出来的景象却那么让人触目惊心，这得益于作者举出的大量翔实的例子和数字。

知识拓展

基　团

基团是指有机物失去一个原子或一个原子团后剩余的部分，是对原子团和基的总称。基团通常是指原子团，它包含有机物结构中所有的"官能团"。一般是指组成分子的原子集团，包括各种官能团和以游离状态存在的自由基（或称游离基）。

考题链接

1.下列各项内容表述不正确的一项是（　　）。

A.除草剂和杀虫剂都是化学合成物，除草剂的毒性要比杀虫剂的毒性小。

B."表"是古代臣子向帝王陈情言事的一种文体，如诸葛亮的《出师表》。

C.科举考试中的"乡试"，是每三年举行一次全省的考试，秀才才有资格参加，考中为举人。《范进中举》中的范进就是参加乡试中了举人。

D.《我的叔叔于勒》的作者莫泊桑，是法国优秀的批判现实主义作家。他与俄国的契诃夫、美国的欧·亨利并称为"世界三大短篇小说之王"。

2.下列句子，没有语病的一项是（　　）。

A.消防宣传员为"宅"在家里的大爷大妈发放了防灾减灾宣传材料。

B.城市绿道建设延伸的不仅是绿色的发展观念，更是绿色活动空间。

C.升旗时，全体同学的目光和歌声都集中到竖立在主席台前的旗杆上。

D.随着农业生产水平的提高，使越来越多的杀虫剂和除草剂应用到农业生产中。

扫码领取
- 写作良方
- 知识汇总
- 好词佳句
- 名著音频

第四章　地表水和地下海洋

名师导读

　　水是生命之源。地球上的大部分区域被海洋覆盖，按常理来说，生活在地球上的人们应该不缺水。可是实际上，水资源的短缺是大部分人正在面对的问题。除了因为地球上的大部分水是海水不能被人类直接使用之外，还有一个重要原因，那就是污染。这就是本章节的主要内容。现在大家就一起来看一下吧。

　　在我们所有的自然资源中，水已成为最宝贵的。地球的大部分区域都被海洋所覆盖，但是我们仍然缺水。这是一个奇怪的悖论，地球上大部分的水由于含有大量海盐而不能直接用于农业、工业和人类的生活，因此世界上的大多数人口正在经历或面临严重缺水的威胁。在人类已经忘记自己从哪里来，甚至对最基本的生存需求都视而不见的时代，水和其他资源已成为其冷漠的受害者。

　　杀虫剂对水污染的问题属于整个人类环境污染的一部分。进入我们水系的污染物有多种来源：反应堆、实验室和医院的放射性废物，核爆炸的后果，城镇生活垃圾，工厂产生的化学废物，等等。除此以外，还有一种新型的物质——用于农田和花园，森林和野地的化学喷雾剂。在这个令人震惊的混杂物中，许多化学试剂模仿并增强了辐射的有害影响，并且在化学药物本身之间还存在着险恶的、鲜为人知的相互作用和毒素的转化以及作用的叠加。

　　自从化学家开始生产大自然从未发明过的物质以来，水净化的问题就变得复杂，水使用者所受的危害也越来越大。如我们所见，这些合成化学药物的大量生产始于 20 世纪 40 年代。现在已经达到非常严重的程度：每天都有令人震惊的化学污染泛滥成灾。当与排放到同一水体中的生活垃圾和其他废物混在一起时，这些化学药物有时不能被污水处理厂通常使用的方法检测出来。它们中的大多数性质稳定，以至于无法通过常规过程进行分解，通常使用的分析方法甚至无法识别它们。在河流中，令人难以置信的各种污染物结合在一起产生了新的沉积物，卫生工程师只能绝望地将其称为"污物"。麻省理工学院的卢佛·埃里亚森教授在国会委员会上做证，指出无法预测这些化学药物的综合作用，也无法确定混合物产生的新的有机物是什么。埃里亚森教授说："我们不知道这是什么。它对人们有什么影响，我们也不知道。"

越来越多的用于控制昆虫、啮齿动物或有害植物的化学药物构成了这些有机污染物。有些被有意地喷在水中以杀死植物、昆虫幼虫或不想要的鱼。有些喷洒到森林中：为灭除害虫，一种单一药物的喷洒，可以覆盖两三百万英亩的土地，这些喷剂有的直接落入溪流，有的通过多叶的树冠滴落到森林地面，成为森林的一部分。它们在加入水分的缓慢运动后，开始了漫长的出海之旅。此类污染物的大部分可能是数百万磅杀虫剂的水溶性残留物，这些残留物原本用来清除农田里的昆虫或啮齿类动物，但是被雨水溶解后，便成为水在全球范围内普遍循环的一部分。

我们到处都可以找到证据证明这些化学药物存在于我们的溪流甚至公共用水中。例如，用宾夕法尼亚州一个果园区域的饮用水样本在实验室中对鱼进行测试时，其所含的杀虫剂在短短四个小时内杀死了所有用于测试的鱼。溪流中的水用来灌溉过棉田以后，即使进行了污水处理，它们对鱼来说仍然是致命的。在亚拉巴马州田纳西河的支流里，那些来自田里的水因为接触了氯化烃毒物，流到河里后，河里的鱼都死了。其中的两条支流还是城市的供水源。使用了杀虫剂一周以后，放在河流下游笼子里的金鱼每天都在死亡。这就是水有毒的证据。

在大多数情况下，这种污染是我们察觉不到的，如果不是成百上千的鱼死亡了，我们根本不会知道有这种污染。那些负责水质的科学家至今尚未定期检测这些有机污染物，也无法清除它们。无论是否被发现，杀虫剂都客观存在着。和被大量用在地面上的药物一起，杀虫剂也进入了国内几乎所有主要的水系中。

如果还有人怀疑杀虫剂对我们的水体造成了普遍的污染，他就应该读一读 1960 年美国渔业和野生动植物管理局发布的一篇报告。管理局对鱼是否像温血动物那样在体内储存杀虫剂做了研究，他们从西部的森林地区取回第一批样品。在那里，人们为了控制云杉上的树蛆虫而喷洒了滴滴涕。后来，在距离喷洒区约 30 英里的一个小河湾里进行的对比调查发现，这里的鱼仍然含有滴滴涕。这个河湾在采样处的上游，而且中间还有一个高瀑布。这里并没有被喷过药，然而这里的鱼体内还有滴滴涕。这些药物是通过地下径流到达遥远的河湾的呢，还是像浮尘一样从空中飘落到河湾的表面的呢？在另一次对比调查中，在一个产卵区的鱼身体里面发现了滴滴涕，而这个地方的水来自于深井。同样地，那里也没有撒药。看来，污染的唯一途径很可能就是地下水。

地下水被大面积污染的威胁是整个水污染问题中最令人不安的。在水里加入杀虫剂而不破坏水的纯净，这是不可能的事情。大自然从没有，也不可能把某个地下水域隔绝起来。雨水落在地面，从土壤、岩石的细孔和缝隙里往地下渗透，越来越深。最后，所有的岩石都充满了水，这就是一个黑暗的地下海洋。地下水川流不息，时快时慢。慢的时候一年不会流超过 50 英尺；快的时候，每天就流十分之一英里。它们在地下是看不见的水线，直到成为流出地表的泉水或井中水。除了雨水和地表的径流外，所有地球表面的流水都曾经是地下水。因此，从非常真实和令人恐惧的意义上讲，地下水的污染就是世界水体的污染。

有毒化学药物从科罗拉多州的一家制造厂，通过黑暗的地下水流，到达数英里之外的一个农业区，在那里毒化了井水，使人类和牲畜生病并毁坏了庄稼，这是很多事例中的第一个典型事件。简而言之，它的经过就是这样：1943 年，位于丹佛附近的陆军化学兵团落基山兵工厂开始制造军用物资。8 年后，军械库的设施被租给一家私人石油公司生产杀虫剂。然而，甚至在改变经营方式之前，离奇的报道就开始出现了。离工厂几英里的农民开始报告牲畜中出现无法解释的疾病。他们抱怨庄稼大面积受损，叶子变黄，植物不能成熟，许多农作物被彻底杀死。还有一些有关有人类疾病的报道。

　　这些农场的灌溉水源来自很浅的水井。当对井水进行检验时（1959 年有几个州和联邦机构参加了研究），人们发现其中含有各种化学物质。落基山兵工厂运作期间，氯化物、氯酸盐、磷酸盐、氟化物和砷已经从落基山兵工厂排入了养鱼池。显然，兵工厂和农场之间的地下水已被污染，毒物经过 7 到 8 年时间从储藏池流动了约 3 英里到达了最近的农场地下。这种渗漏继续蔓延，并进一步污染了一个未知范围的区域。调查人员无法控制污染或阻止污染的发展。

　　所有这些都够糟糕的，但是从整个过程来看，最让人惊奇的，也许从长远来看，最重要的意义是在一些水井和兵工厂的蓄水池中发现了除草剂 2，4-D。当然，它的存在足以说明用这些水灌溉对农作物造成的损害。但是，有一个奇怪的事实，那就是在兵工厂运作的任何阶段都没有制造过 2，4-D。经过长时间的仔细研究，该工厂的化学家得出结论，2，4-D 是在开放的盆地中自发形成的。它是由从军火库排出的其他物质形成的；在没有空气、水和阳光的情况下，并且在没有化学药剂师干预的情况下，贮水池已成为化学实验室，用于生产一种新的化学药物——这种致命的化学药物损害了它触及的大部分植物的生命。

　　因此，关于科罗拉多州农场及其受损农作物的故事具有普遍重要的意义。不仅在科罗拉多州，任何化学污染进入公共水域的地方，是否都有类似之处存在呢？在世界各地的湖泊和溪流中，在空气和阳光等催化剂的作用下，标记为"无害"的母体化学药物可能会产生哪些危险的物质呢？

　　确实，水的化学污染最令人担忧的方面之一是，在河流，湖泊或水库中，就在餐桌上的一杯水中都是混合的化学药物，这些药物不是化学家们在他的实验室里负责任地合成出来的。这些自由混合的化学药物之间可能发生的相互作用深深地困扰着美国公共卫生署的官员，他们担心相对无害的化学物质可能在相当大的范围内产生有害物质。反应可能发生在两种或多种化学药物之间，或者化学药物与排放到我们的河流中不断增加的放射性废物之间。在电离辐射的影响下，原子很容易发生一些重排，从而以一种不仅无法预测而且无法控制的方式改变化学药物的性质。

当然，不仅是被污染的地下水，而且还有地表水——溪流、河水、灌溉用水。后者的一个令人不安的例子发生在加利福尼亚州图勒湖和下克拉马斯的国家野生动物保护区。这些保护区是整个生物保护体系的一部分，还包括俄勒冈州州界上方的北克拉马斯湖保护区。所有这些都可能通过共享的供水联系在一起，并且都受到以下事实的影响：它们像小岛一样位于周围农田的广阔海洋中——这些农田是通过排水和从水鸟乐园引流而开垦出来的新土地。

保护区周围的这些农田都是用北克拉马斯湖的水进行灌溉的。这些灌溉用水从田地中汇集，然后被泵入图勒湖，并从那里流到南克拉马斯。因此，在这两个水域上建立的野生动物保护区的所有用水都是农田的排水。记住这一点对最近发生的事情来说很重要。1960 年夏天，保护区的工作人员在图勒湖和南克拉马斯捡拾了数百只死鸟。它们中的大多数是以鱼为食的，例如鹭、鹈鹕和鸥。经分析，发现它们体内含有滴滴滴（DDD）和滴滴伊（DDE）的杀虫剂残留。湖泊中的鱼也被发现含有杀虫剂。采集的浮游生物样本也是如此。保护区的管理人员认为，因为水流对农田的反复灌溉，现在这些保护区中的水中正在积聚着越来越多的杀虫剂。

为保护生物而造成的这种水质中毒，可能会给每个猎鸭人和其他人带来影响。对于每个人来说，在傍晚的天空上像丝带一样飘动的水禽组队飞行的景象和声音都很宝贵。这些特殊的保护区在西方水禽的保护中占据着至关重要的位置。它们位于与漏斗状狭窄颈部相对应的一点上，构成所谓的太平洋空中通道的所有迁徙路线都汇入其中。在鸟类秋季迁徙的过程中，它们从栖息地接收了数百万只鸭子和鹅，这些栖息地从白令海的海岸向东延伸至哈德逊湾，全部水鸟的四分之三会在秋季向南迁移到太平洋海岸州。在夏季，它们为水禽提供栖息地，特别是为两个濒危物种：红头鸭和红鸭。如果这些保护区的湖泊和水池受到严重污染，这对远地水禽种群的毁灭是不可弥补的。

还必须从它所支持的生物圈来考虑，水，从浮游生物那极小的绿色细胞，到微小的水蚤，再到从水中滤出浮游生物并被其他鱼类吞噬的小鱼、大鱼、鸟、貂、浣熊——这是生命之间不断循环的物质传递。我们知道水中必需的矿物质是从食物链的各个环节传递的。我们能否假设我们引入水中的毒物不

会进入自然界的这些循环？

　　答案可以在加利福尼亚州清水湖的惊人历史中找到。清水湖位于旧金山以北约 90 英里的山区，长期以来受到钓鱼者的欢迎。这个名字是不合适的，因为覆盖在其浅底的黑色软泥让它成为一个浑浊的湖。不幸的是，对于沿岸的渔民和度假者来说，其水域也是蚋虫的理想栖息地。尽管与蚊子密切相关，但这种蚊子并不是吸血鬼，它成年后可能根本不用吃东西。但是，与其共享栖息地的人们却因为其庞大的数量而感到烦恼。人们一直在努力控制它，但直到 20 世纪 40 年代后期，在氯化烃杀虫剂成为新武器之前，人们的努力基本上没有结果。选择进行新一轮攻击的化学药物是 DDD，它是滴滴涕的近亲，但对鱼类生命的威胁较小。1949 年采取的新控制措施经过了周密的计划，很少有人认为它会造成不好的结果。人们对湖泊进行了调查，确定了湖泊的容积，并以很大的稀释度施用了杀虫剂，杀虫剂与水的比例是 1 比 7000 万。起初对蚋虫的控制效果很好，但到 1954 年就必须重复处理一次，这次是在 5000 万份水中加入 1 份杀虫剂。人们认为这次对蚋虫的消灭是成功的。

　　接下来的冬天，人们第一次发现其他生命也受到了影响：湖上的西方鸊鷉开始死亡，很快就死了一百多只。在克雷尔湖，西方鸊鷉被湖中丰富的鱼类吸引，来到这里繁殖和过冬。它是一种有着奇特外观的迷人的鸟类，在美国西部和加拿大的浅湖中筑巢。它之所以被称为"鸊鷉"，是因为它在湖面上滑动时几乎没有涟漪，它的身体低低浮出水面，白色的脖子和高亮的黑色头顶高抬着。新孵出的幼鸟有着柔软的灰色羽绒。在短短的几个小时内，它就滑落到水里，骑在父亲或母亲的背上，依偎在双亲的羽翼之下。

　　1957 年，蚋虫又恢复到原来的数量，于是人们进行了第三次灭杀，结果导致了更多鸊鷉的死亡。就像 1954 年的情况一样，在检查死鸟时，没有发现传染病的迹象。但当有人分析鸟的脂肪组织，发现它们中的 DDD 浓度高达百万分之一千六百。

　　DDD 应用于水的最大浓度为百万分之零点零二。这种化学物质怎么能在鸊鷉体内积累到如此惊人的水平？这些鸟自然是食鱼者。当对清水湖的鱼进行分析时，这样的画面开始呈现——毒物被最小的生物体吸收、浓缩并传递给较大的食肉动物。浮游生物的组织内被发现含有大约百万分之五的杀虫剂（大约是水体最高浓度的25倍）。以水生植物为食的鱼的含量为百万分之四十至三百。食肉物种积累的含量最多，其中一种是棕色鳉鱼，浓度惊人地达到了百万分之两千五百。这是一个"杰克小屋"的故事，大食肉动物吃了小食肉动物，小食肉动物吃了草食动物，草食动物又吃了浮游生物，浮游生物从水中吸收了有毒物质。后来有了更多离奇的发现。最后一次使用该化学药物后不久，在水中未发现任何DDD。但是毒药并没有真正离开湖面。它只是成为湖这个生态系统的一部分。化学处理停止后的第23个月，浮游生物组织内仍含有多达百万分之五点三的DDD。在将近两年的时间里，浮游植物几枯几荣，毒药虽然不再存在于水中，却以某种方式世代相传。它也存在于湖泊的动物体内。化学药物停止使用1年后被检查的所有鱼、鸟和青蛙体内仍然含有DDD。它们的肉中发现DDD的量总是超过水中原始浓度的许多倍。在这些活的携带者中，有在最后一次DDD施用后9个月后孵化的鱼、䴙䴘和加利福尼亚海鸥，其体内毒物浓度超过百万分之两千。同时，䴙䴘的筑巢群减少了，从第一次杀虫剂使用之前的1000多对减少到1960年的30对。甚至还有30对的筑巢似乎是徒劳的，因为自从最后一次使用DDD就再也没有小䴙䴘从它们那里出生。

因此，整个中毒链似乎都建立在这些原始的浓缩者——微小的浮游植物的基础上。但是食物链的终点是什么？人们可能对所有这些事件的过程都一无所知，已经拿了他的渔具，从湖里钓了一条鱼，带回家油炸了当晚餐。大剂量的DDD或不断累积的剂量会对他有什么影响呢？

尽管加州公共卫生部门声称没有危害，但在1959年，他们要求停止在湖中使用DDD。鉴于有科学证据证明该化学药物具有巨大的生物效力，这一措施似乎是最低限度的安全措施。DDD的生理影响在杀虫剂中是独特的，因为它会破坏一部分的肾上腺，这部分被称为肾上腺皮质的外层细胞，负责分泌肾上腺皮质激素。自1948年以来，人们就知道这种破坏性作用，最初被认为仅限于狗，因为在诸如猴子、老鼠或兔子的实验动物中并未发现这种破坏性作用。然而，似乎具有暗示性的是，DDD在狗身上产生的状况与患艾迪生病的人产生的状况非常相似。最近的医学研究表明，DDD确实能强烈抑制人类肾上腺皮质的功能。现在，它破坏细胞的能力已在临床上用于治疗在肾上腺发现的罕见类型的癌症。

清水湖的情况提出了一个公众需要面对的问题：使用对生理过程具有如此强效的物质来控制昆虫是否明智可取，尤其是在控制措施涉及将化学物质直接引入水体的情况下。即便杀虫剂的浓度非常低，但这并没有意义，因为它会通过湖中的天然食物链使其浓度激增。然而，清水湖事件是数量众多且不断增长的事件的代表，在这些事件中，解决明显且不重要的问题反而造成了更为严重但不那么显而易见的问题。在清水湖，蚋虫问题的解决得到了人们的肯定，可是却以无法认识到的危险为代价，给所有从湖中获取食物或水的人带来巨大的风险。

一个不同寻常的事实是，有意将毒药引入水库正成为一种相当普遍的做法，目的通常是促进娱乐，即使随后必须对水体进行一定的处理，以便使其适合用作饮用水。当某个地区的钓鱼爱好者想要"改善"水库中的渔业时，他们要求当局向其中倾倒大量的毒物以杀死不想要的鱼，然后将其替换为更适合他们口味的孵化场的鱼。该过程像爱丽丝梦游仙境的故事一样怪异。该水库是作为公共供水源而建立的，但居民们可能对这个项目根本就不了解，就不得不既要饮用有毒的水，又要付出税钱给水消毒，而且这些处理也绝非万无一失。

由于地下水和地表水被杀虫剂和其他化学药物污染，因此存在一种危险，那就是有毒物质和致癌物质都被引入公共供水系统。美国国家癌症研究所的惠帕博士警告说："在可预见的将来，受污染的饮用水致癌的危险将大大增加。"确实，20世纪50年代初期，在荷兰进行的一项研究为以下观点提供了支持：受污染的水可能会致癌。从河流中获得饮用水的城市，其癌症死亡率要比那些从不易受污染的水源中获得饮用水的死亡率高，比如说井水。砷是最明确的会致癌的自然物质，关于它有两个历史悠久的案例，在两个案例中，供水受到污染导致癌症广泛发生。在一个案例中，砷来自采矿作业的矿渣堆，而另一个案例中的砷则来自天然砷含量高的岩石。由于大量使用了含砷杀虫剂，这些地区的土壤中毒了。然后，雨水将部分砷带入溪流、河流和水库，以及广阔的地下水世界。

这再次提醒我们，自然界中没有单独存在的事物。为了更清楚地了解我们的世界如何发生污染，我们现在必须研究地球的另一种基本资源——土壤。

第五章　土壤的王国

名师导读

　　土壤是人类生存的基础。那么，土壤是怎样产生的，土壤中有什么？杀虫剂和除草剂对土壤有害吗？要想了解这些问题，就让我们来读一读这一章节吧。

　　薄薄的一层土壤遍布各大洲，控制着我们人类以及该土地上所有其他动物的生存。没有土壤，陆地植物将无法生长，没有植物，动物将无法生存。但是，如果说我们以农业为基础的生命依赖于土壤，那么土壤也依赖于生命，土壤的起源以及其所保持的特性与动植物是密不可分的。因为土壤在某种程度上是生命的创造，它源于很久以前生物与非生物之间的奇妙互动。当火山炽热的熔岩进入溪流中时，当裸露的岩石上流淌的水侵蚀了最坚硬的花岗岩的外层时，当冰霜严寒分裂并粉碎了岩石时，各种材料被收集在一起，然后生物开始发挥其创造力，这些材料逐渐变成土壤。岩石的第一个覆盖物——地衣通过其酸性分泌物促进岩石分解，并为其他生命提供了住所。苔藓紧紧抓住了原始土壤的小缝隙，这些土壤是由碎碎的地衣、微小的昆虫外壳和从海中起源的动物残骸形成的。

　　生物创造了土壤，还创造了土壤中的其他生命，它们具有令人难以置信的多样性。如果不是这样的话，土壤将毫无生气。由于生物的存在和活动，土壤才能孕育生命，使我们地球披上了美丽的绿色外衣。

　　土壤处在不断的变化和循环中。随着岩石的崩解，有机物的腐烂以及氮和其他气体随着雨水从天空中落下，不断有新的物质进入土壤。同时，其他物质也被带走，被借给生物暂时使用。微妙而极其重要的化学变化不断进行着，将空气和水中的元素转化为适合植物使用的形式。在所有这些变化中，活的生物体是活性剂。

对土壤的黑暗领域中的巨大生物数量的研究令人着迷，而同时又被人们所忽视。我们对土壤中有机物之间的联系，它们与地下环境以及与地上环境的联系知之甚少。土壤中最小的生物，即不可见的细菌和线状真菌也许是最重要的。它们的数量是一个天文数字。1 茶匙的地表土可能包含数十亿个细菌。尽管它们很小，但在 1 英亩 1 尺厚的肥沃土壤中，这些细菌的总重可能达 1000 磅。长丝状的线状真菌比细菌少一些，但由于它们的体积较大，因此等量土壤中的重量可能大致相同。它们与一些被称为藻类的微小细胞，共同构成了土壤中的微观植物世界。

细菌、真菌和藻类是导致腐烂的主要物质，可将动植物尸体还原成组成它们的无机物。如果没有这些微型生物，碳、氮等化学元素在土壤、空气和生物组织中的巨大循环将无法进行。例如，如果没有固氮细菌，尽管植物被含氮空气所包围，但它们也会因无法摄入氮元素而死亡。其他生物产生了二氧化碳，它们以碳酸的形式加速溶解岩石。其他土壤中的微生物还进行各种氧化和还原作用，通过这些氧化和还原作用，诸如铁、锰和硫之类的矿物质得以转化成植物容易吸收的形态。

土壤中数量众多的还有螨虫和原始的称为弹尾虫的无翅昆虫，尽管它们很小，但它们在分解植物残渣方面起着重要作用，有助于森林地面的枯枝落叶缓慢转化为土壤。这些微不足道的生物，有些能完成难以置信的特殊任务。例如，几种螨虫只能在云杉树落下的针叶中生活。在那里，它们消化掉针叶的内部组织。螨虫完成发育后，针叶仅剩下细胞的外层。处理大量落叶这样艰巨的任务就落到了土壤和森林地面中的一些小昆虫头上。它们浸软并消化叶子，并帮助分解物与表层土壤混合。

除了所有这些微小但不停地辛劳工作的生物外，还有许多体形更大的生物，因为土壤涵养的生命范围囊括了从细菌到哺乳动物整个生物体系。其中一些是地下黑暗世界的永久居民；一些生命在地下洞穴中冬眠或度过一定的生命周期；一些生命在它们的洞穴和地面世界之间来去自如。总体而言，它们的所有活动使得土壤通气，并改善了土壤的排水功能和水在植物生长层中的渗透。

在所有体形较大的"土壤居民"中，最重要的莫过于蚯蚓。四分之三世纪以前，查尔斯·达尔文出版了一本书，题为《蚯蚓活动对作物肥土的形成以及蚯蚓习性观察》。在这篇文章中，他首次认识到蚯蚓作为土壤运输者的基本作用——地表岩石逐渐被蚯蚓从地下带出的细土覆盖，在一些地区，每年的蚯蚓数量达到每英亩数吨。叶子和草中所含的有机物（6个月之内，每平方米重达9000克）被它们拖入洞穴中并掺入土壤中。达尔文的计算结果显示，在10年的时间里，蚯蚓的辛劳可能会增加原土层一半的厚度。蚯蚓所做的绝不局限于此。它们的洞穴使土壤通气，保持土壤排水良好并帮助植物根部生长。蚯蚓的存在增加了土壤细菌的硝化作用，并减少了土壤的腐化作用。有机物通过蚯蚓的消化道时会被分解，蚯蚓的排泄物会使土壤肥沃。

这样，由各种生命构成的土壤便形成了一个网络，每个生命都以某种方式彼此关联——生命依赖于土壤，但是只有当土壤中的这个生命群落繁荣兴旺时，土壤才能成为地球蓬勃发展的重要元素。

这里关系到人类的一个问题一直被忽视：当有毒化学药物被带入土壤的世界时，当这些物质被作为"消毒剂"直接撒入土壤时，或者作为致命的污染物随着雨水穿过森林、果园和农田的植物枝叶后被土壤吸收时，这些极其众多且极为重要的土壤居民会受到什么影响？是否可以合理地假设我们可以使用广谱杀虫剂来杀死处于穴居幼虫阶段的害虫，而又不杀死有用的益虫？这些益虫的作用之一可能是分解有机物的关键。还是我们可以使用一种非专属性的杀菌剂而不伤害帮助树木从土壤中提取养分的、那些以有益的方式结合起来的真菌？一个简单的事实是，土壤生态学中这一至关重要的问题在很大程度上被科学家所忽视，而管理人员则完全忽略了。对昆虫的化学控制似乎是在这样的假设下进行的：即土壤可以遭受任何程度的"欺负"而不会反击。土壤世界的本质已在很大程度上被忽略了。

已经进行的少量研究揭开了杀虫剂慢慢影响土壤的过程。研究结果并不总是一致的，这并不奇怪，因为土壤类型的差异如此巨大，导致一种土壤被破坏的因素可能对另一种土壤无害。轻质的沙土比腐殖质土遭受的破坏要严重得多。化学物质的组合似乎比单独应用更具危害性。尽管结果并不相同，但许多科学家积累了足够有力的证据，它们引起了许多科学家的忧虑。

在某些情况下，影响生命世界核心的化学转化会受到影响。硝化可使植物获得大气中的氮。除草剂2，4-D可导致硝化作用暂时中断。在佛罗里达州最近的实验中，林丹、七氯和六氯化苯在土壤中施用两周后就会减少土壤的硝化作用。施用1年后，六氯化苯和DDD仍具有明显的有害作用。在其他实验中，六氯化苯、艾氏剂、七氯和DDD均可阻止固氮细菌在豆科植物上形成必需的根瘤真菌。真菌与高等植物根部之间的有益的关系被严重破坏。

大自然通过巧妙的平衡来实现深远的目标，但有时令人担心的是，生物数量间微妙的平衡被破坏了。当一些土壤生物被杀虫剂消灭后，另一些土壤生物出现了爆炸性增长，从而扰乱了天敌与猎物的关系。这种变化很容易改变土壤的新陈代谢活动并影响其生产力。这些变化还意味着以前受到控制的潜在有害生物可能会脱离自然的掌控而上升为害虫状态。

关于土壤中的杀虫剂，要记住的最重要的事情之一，是它们的持久性不是以月为单位，而是以年为单位。4年后残留的艾氏剂，无论是微量的还是转化为狄氏剂的含量都很高。使用毒杀芬消灭白蚁10年后，沙土中仍残留有大量的毒杀芬。六氯化苯可存留至少11年；七氯或毒性更强的化学药物，至少会存在9年。氯丹使用12年后，残留量仍为原始量的15%。

看来，在数年内即使有节制地使用杀虫剂，也可能在土壤中积累大量杀虫剂。由于氯化烃具有持久性和顽固性，因此每次使用都会使残留的总量增加。"一滴滴滴涕无害"的古老传说对重复喷洒来说毫无意义。已发现每英亩马铃薯土壤最多含有15磅滴滴涕，每英亩玉米土壤最多含有19磅。正在研究的蔓越莓沼泽中每英亩为34.5磅。苹果园的土壤似乎达到了污染的高峰，滴滴涕的积累速度几乎与年度施用率保持同步。即使在一个季节中，因为果园喷洒了4次或更多次，滴滴涕残留也会累积到每英亩30—50磅的峰值。经过多年的反复喷洒，树木之间的区域为每英亩26—60磅，而树下的土壤中则高达每英亩113磅。

砷会对土壤造成永久性毒害。尽管自 20 世纪 40 年代中期以来，作为喷雾剂的砷已在很大程度上被合成有机杀虫剂取代了，但在 1932—1952 年间，用美国种植的烟草制成的香烟中的砷含量增加了 300% 以上。最近的调查显示最大的增加量竟为 600%。砷毒理学权威亨利·萨特利博士说，尽管有机杀虫剂已基本取代了砷，但烟草植物仍在吸收砷，因为烟草种植园的土壤已经大量浸入了一种原本不太能被溶解的毒物——砷酸铅。它将继续以可溶性的形式释放砷。根据萨特利博士的说法，在大部分种植烟草的土地上，土壤都遭受了"累积性和永久性的毒害"。不使用砷杀虫剂的地中海东部国家种植的烟草里并没有发现砷含量的增加。

因此，我们面临着第二个问题。我们不仅必须关心土壤中正在发生的事情，而且还必须怀疑植物组织从被污染的土壤中吸收了多少杀虫剂。这在很大程度上取决于土壤的类型、农作物的类别以及杀虫剂的性质和浓度。有机质含量高的土壤释放的毒物比其他土壤少。胡萝卜会比其他任何农作物吸收更多的杀虫剂。如果所使用的化学药物恰好是林丹，则胡萝卜会积累比土壤中更高的浓度。将来可能有必要在种植某些农作物之前分析土壤中的杀虫剂含量。否则，即使是未喷洒过农药的农作物也可能仅从土壤中就吸收到足够剂量的杀虫剂，使它们不适合在市场上销售。

这种污染已经给婴儿食品制造商带来了无穷的问题，他们一直不愿购买任何使用了有毒杀虫剂的水果或蔬菜。引起最大麻烦的化学药物是六氯化苯，植物的根和块茎吸收了六氯化苯后带有霉味和臭味。在两年前使用六氯化苯的加利福尼亚田地上种植的甘薯中含有农药残留物，只有被丢弃。有一年，一个公司与南卡罗来纳州签订一个甘薯供应合同，却发现很大一部分土地受到污染，以至该公司被迫在公开市场上购买甘薯，造成了极大的经济损失。多年来，各个州种植的各种水果和蔬菜因为这个原因被丢弃。最令人恼火的问题与花生有关。在南部各州，花生通常与棉花轮作种植，人们在棉花上广泛使用六氯化苯。此后在这种土壤中生长的花生吸收了大量的杀虫剂。实际上，只要有一点六氯化苯，农作物就会带有霉臭味。该化学物质渗入果核，无法去除。加工并不能消除霉味，有时反而会加剧。确定要排除六氯化苯残留的制造商可以采用的唯一方法是拒绝所有被该化学品处理过的或在受其污染的土壤上生长的作物。

有时，这种威胁是对农作物本身的威胁，只要杀虫剂污染了土壤，这种威胁就一直存在。一些杀虫剂会影响敏感植物，例如豆类、小麦、大麦和黑麦，从而延缓其根系发育或抑制幼苗生长。华盛顿州和爱达荷州啤酒花种植者的经验就是一个例子。1955 年春季，许多啤酒花种植者实施了一项大规模计划，以控制象鼻虫，因为其幼虫在啤酒花的根部泛滥。在农业专家和杀虫剂生产商的建议下，他们选择了七氯作为控制剂。施用七氯后不到 1 年的时间，用过药的园子里的藤蔓就枯死了。在未经处理的田地里，没有这种事发生。损害停止在已处理和未处理田地间的交界处。人们又花巨资在山丘重新种植，但是在 1 年后，新的根也枯死了。4 年后，土壤中仍含有七氯，科学家无法预测它会在多长时间内仍保持有毒状态，也无法提供任何方法来改变这种状况。联邦农业部直到 1959 年 3 月才发现将七氯以土壤处理的形式用于啤酒花是错误的，为时已晚地取消了其用途注册。只是，啤酒花种植者只有在法庭上寻求一些相应的补偿。

随着杀虫剂的继续使用以及顽固的残留物继续在土壤中积累，几乎可以肯定的是，我们正面临麻烦。这是 1960 年在锡拉丘兹大学开会讨论土壤生态学的一组专家的共识。这些人总结了使用"强大而鲜为人知的工具"——化学药物和辐射带来的危害："人为的一些错误举动可能导致土壤生产力被破坏，而被认为有害的昆虫可能会安然无恙。"

第六章 地球的绿色地幔

名师导读

在这一章节中，作者提出了一些能够引发我们思考的观点：植物被分为有害和无害的做法是错误的，清除鼠尾草的行为破坏了生态平衡，除草剂破坏了动物与植物、植物与植物之间的密切关系……这些观点是正确的吗？让我们来看一看作者是如何阐述这些观点的吧。

水、土壤和地球的绿色地幔构成了支持地球动物生命的世界。尽管现代人很少记得这一事实，但如果没有利用太阳的能量生产人类赖以生存的食物的植物，人类就不可能存在。我们对植物的态度是狭义的。如果我们看到植物有用，我们就会加以培育。如果出于某种原因我们发现它没有用，我们就说它是有害的。除了对人类或牲畜有毒的各种植物，或者影响农作物生长的植物之外，还有许多植物被标记为有害的原因仅仅是在我们看来，它们恰巧在错误的时间长在了错误的地方。还有许多植物被铲除仅仅是因为它们恰好与有害植物生长在了一起。

地球的植被是生物网的一部分，在生物网中，植物与地球之间，植物与其他植物之间，植物与动物之间存在着密切而重要的联系。有时我们别无选择，只能破坏这些联系，但是我们应该审慎地做，要充分意识到我们所做的事情可能会给这个时空带来深远的影响。但是，当今"蓬勃发展"的除草剂行业并不持有这种态度。

在西部的鼠尾草土地上的所见，是我们未曾想到的最惨痛的例子之一。那里正大规模地破坏鼠尾草地来改建牧场，那也是一个悲剧。在这里，自然景观充分地展现了自然力量之间的相互作用。它像一本打开的书一样展示在我们眼前，在这本书中，我们可以读到这片土地的本来面目，以及为什么我们应该维护它的完整性，但这本打开的书却无人阅读。

鼠尾草生长的土地位于西部高原和其低坡地带，这是几百万年来落基山脉由于受到巨大隆升而形成的。这里有着极端的气候：漫长的冬天，暴风雪从山上扑下来，平原上积雪深深；夏天，只有很少的雨水可以释缓炎热，干旱侵蚀到土壤深处，干燥的风从植物的茎叶上偷走水分。

随着景观的演变，植物必须反复尝试，以适应在这片大风呼啸的高原上的生存。一些植物没能存活下来。最终，进化出了一种植物，它们结合了生存所需的所有特性。鼠尾草矮小，生长缓慢，可以在山坡和平原上占有一席之地，它的灰色小叶子可以容纳足够的水分以抵抗狂风。西部高原成为鼠尾草生长的土地，不是偶然的，而是长期的自然选择的结果。

除植物外，动物的生存也是与其所在的土地协调发展的结果。随着时间的流逝，有两种像鼠尾草一样完全适应它们栖息地的生物出现了。其中一种是哺乳动物：敏捷优美的叉角羚羊。另一种是鸟：鼠尾草松鸡——刘易斯和克拉克地区的平原鸡。

鼠尾草和松鸡似乎是天生一对。鸟类的生长周期与鼠尾草的相吻合，如果鼠尾草的面积减少了，松鸡的种群数量就会减少。鼠尾草为这些鸟的生存提供了很多东西。平原山麓丘陵低矮的鼠尾草掩盖了它们的巢穴和幼鸟。鼠尾草生长较密集的地方是鸟儿游荡和栖息的地方；鼠尾草还为松鸡提供食物。这是一种共生关系。雄性松鸡在求偶时的表演有助于疏松鼠尾草的根部和周围的土壤，以及清除鼠尾草周围生长的杂草。

羚羊也已经适应了有鼠尾草的生活。它们是这片土地上的主要动物，在冬天第一场雪的时候，那些在山上避暑的动物会来到海拔低的地方。那里的鼠尾草为它们提供了越冬的食物。在所有其他植物都落叶的地方，鼠尾草仍然是常绿的，灰绿色的叶子紧贴着茂密而矮小的茎，这些叶子苦涩、散发芳香，富含蛋白质、脂肪和动物所需的矿物质。尽管积雪堆积，但鼠尾草的顶部仍然裸露在外，羚羊可以用它的尖蹄挠开积雪找到它们。以鼠尾草为食的松鸡也可以在裸露且被风刮过的土地上和羚羊刨开积雪的地方觅食。

其他的生物也需要鼠尾草。黑尾鹿经常以它为食。鼠尾草可能保证着冬季放牧的牲畜的生存。绵羊在许多冬季牧场生活，那里几乎只有高大的鼠尾草。在半年之内，这是它们的主要食物，这种植物的能源价值甚至超过紫苜蓿。

严寒的高原，紫色枝叶的鼠尾草、迅猛的羚羊和松鸡，便是一个完美平衡的自然系统。真是这样吗？恐怕不是。尤其是在人类已经尝试改变自然方式的那些地区。这些地区面积广阔且还在不断增长。为了满足放牧人的贪婪，土地管理机构以发展的名义不断开发更多的牧场。所谓草原，是指没有鼠尾草的草地。因此，在自然界的适合鼠尾草生长并在鼠尾草庇护下长草的土地上，现在正计划着消除鼠尾草并创建"完美"的草场。似乎很少有人问这样的草场在该地区是否是一个稳定和理想的存在。当然，大自然自己给的答案是相反的。这片土地上很少降雨，年降水量不足以供养好的草场。这片土地更适合可以在鼠尾草的遮蔽下生长多年的羽茅属植物。

根除鼠尾草的计划已经进行了很多年。几个政府机构都积极参与其中。工业界热情地鼓励和促进这一事业，因为它不仅为牧草，而且也为各种各样的收割机、耕种机和播种机创造了广阔的市场。最近增加的武器是使用化学喷雾剂。现在，每年要喷洒数百万英亩的鼠尾草土地。

结果如何？消除鼠尾草和用牧草播种的最终效果在很大程度上只能推测。拥有丰富土地耕作经验的人说，在这里，牧草在鼠尾草之间和鼠尾草下面生长要比离开保持水分的鼠尾草单独生长好得多。

即使消除鼠尾草的计划成功实现了其近期目标，但整个紧密联系的生态系统也被撕裂了。羚羊和松鸡将与鼠尾草一起消失。鹿也将遭受苦难，土地将因野生生物遭受的破坏而更加贫瘠。甚至，那些作为既定受益者的牲畜也将遭受痛苦：如果夏季没有富余的绿草，那么在冬季的时候，由于缺乏鼠尾草、耐寒灌木和其他野生植物，绵羊就只能在冰冷的暴风雨中挨饿。

这些是最明显的影响。第二种影响和大自然作对的那支喷药枪有关：喷洒杀虫剂消除了许多拟消灭对象以外的植物。法官威廉·道格拉斯在他的最新著作《我的荒野：卡塔赫丁以东》中讲述了美国森林服务局在怀俄明州的布里奇国家森林公园造成的令人震惊的生态破坏实例。因为牧民想要更多的草场，该处在约 10000 英亩的牧草上喷洒了除草剂。鼠尾草被杀了。但是其他绿色的生命也难逃此劫。例如沿着蜿蜒的溪流，在整个土地上生长的一行行柳树。驼鹿生活在这些柳树丛中，柳树对于驼鹿而言，就像鼠尾草之于羚羊。海狸也住在那儿，以柳树为食，它们伐倒柳树，在小溪上筑起坚固的水坝。在海狸的劳作下，一个小湖形成了。山区河流中的鳟鱼很少超过 6 英寸。在湖中，它们长得很好，甚至许多都长到了 5 磅重。水禽也被吸引到湖边。仅仅是因为柳树和依赖它们存在的海狸，该地区便成为一个出色的垂钓地和狩猎场所。

但是，随着林业局的"改进"，柳树也遭遇了和鼠尾草一样的命运，被喷雾剂同样地不分青红皂白地毒杀了。1959 年道格拉斯大法官参观该地区时，他震惊地看到枯萎而垂死的柳树——"巨大的，令人难以置信的破坏"。驼鹿会变成什么样？海狸和它们建造的小天地会怎么样？一年后，他重返故地，在美丽景观的毁灭中找到了答案。驼鹿消失了，海狸也消失了。它们的重要水坝也因为缺少优秀建筑师的维护而无影无踪，而湖泊也已枯竭。没有一条大鳟鱼的影子。没有什么能生存在这个被遗弃的小河湾里，河水流经的只是一片荒芜赤裸的热土而已。这个生命世界已经粉碎了。

除了每年喷洒超过 400 万英亩的牧场以外，其他类型的大片土地也是潜在或实际上的化学除草剂受害者。例如，公用事业公司正在管理一个比新英格兰地区还要大的区域（约 5000 万英亩），并且其中大部分土地都按常规进行"灌木控制"处理。在西南部，估计有 7500 万英亩的豆科灌木土地需要通过某种方式进行管理，而化学喷洒是最积极推行的方法。他们现在正在空中喷洒一个未知但面积很大的木材产地，以便从更耐药的针叶树中"清除"杂木。在 1949 年后的 10 年中，用除草剂处理的农田面积增加了 1 倍，在 1959 年总计达到 5300 万英亩。现在已被杀虫剂处理的私人草坪、公园和高尔夫球场的总面积必将达到一个天文数字。

化学除草剂是一种新颖的玩意儿。它们以惊人的方式发挥作用。它们给那些手舞足蹈的人们带来了对大自然的掌控感，并且具有遥远的和不那么明显的影响——这些被轻易地无视了，只被当作悲观主义者毫无根据的想象。在一个被敦促将犁头打造成喷枪的世界里，"农业工程师"轻描淡写地说着"化学耕作"。成千个城镇的父老乡亲们愿意倾听化学推销员和热心承包商的意见，他们以为使用除草剂比割草更便宜。

因此，也许它会以整齐的数字出现在官方书籍中；但是，付出的真实成本，不仅要计算美元，而且还要考虑我们目前能预见到的许多不可避免的损失，以及依赖它的所有各方利益造成的无限损害。因此，化学品的批发广告如果以美元计价，将是非常昂贵的。

对于曾经美丽的路两边被化学喷雾剂破坏的行为，愤怒的抗议声在不断增加，这些化学喷雾剂把蕨类植物和美的野花以及有着花朵或浆果的本地灌木变成了枯枝败叶。"我们在马路边弄了一个肮脏、褐色、垂死的烂摊子，"一位新英格兰妇女愤怒地在报纸上写道，"这不是游客期望的，不是我们花了所有的钱来宣传的美丽风景。"

1960年夏天，来自许多州的环保主义者聚集在一个宁静的缅因州岛上，看见了其拥有者密里森特·T.滨哈姆向国家奥杜邦协会颁发的礼物。那天的重点是自然景观和错综复杂的生命网的保护，它们的联系从微生物一直到人类。大家交谈的全是关于沿道路环境遭到破坏的愤慨。

沿着那条常青的林间小路，以前到处都是杨梅、甜蕨、赤杨和越橘。现在一切都变成了棕色的荒凉景象。一位环境保护主义者写下他八月来缅因州游览的情形："我回来了……对缅因州路旁的毁坏感到生气。在过去的几年里，高速公路旁到处都是野花和迷人的灌木丛，而现在到处只有一英里又一英里的枯枝败叶……作为一个经济命题，缅因州能否承受这种景象引起的旅游业的衰败？"

缅因州的路边仅是一个例子，对于那些深爱该州美丽风景的人们来说，这尤其令人难过，但这种无意识的破坏正在全国范围内以治理路边的灌木为名进行着。

康涅狄格州植物园的植物学家宣称，对美丽的本地灌木和野花的清除已经达到了"路边危机"的程度。杜鹃花、山月桂树、蓝莓、美洲越橘、荚蒾、山茱萸、杨梅、甜蕨、低灌木、冬浆果、苦樱桃和野李在化学物质的摧残下消亡了。雏菊、黑眼的苏珊、安妮女王的花边、秋麒麟草以及秋紫菀也奄奄一息。

　　杀虫剂的喷洒不仅计划不周，而且还被滥用。在新英格兰州南部的一个小镇，一个承包商完成了他的工作以后，杀虫剂罐中还残留了一些化学药物。他沿着没有授权喷洒的林地路边将其排出。结果，小镇失去了秋天道路旁的应有的蓝色和金色之美，而这里的紫菀和秋麒麟草本来是值得欣赏的。在另一个新英格兰州的小镇中，承包商在公路部门不知情的情况下违反了喷药的州立规定，并将对路边植物喷药的高度改到了八英尺，而不是规定的最大值四英尺，从而留下了宽阔的、丑陋的褐色痕迹。在马萨诸塞州的一个小镇中，镇官员从一个热心的化学推销员那里购买了一种除草剂，却没有意识到里面含有砷。随后路边喷洒的结果是 12 头牛砷中毒死亡。

　　1957 年，沃特福德镇路边喷洒的化学除草剂使康涅狄格州植物园自然区内的树木受到了严重伤害。即使没有直接被喷洒到的大树也受到了影响。尽管那是万物生长的春季，橡树的叶子开始卷曲并变成褐色，然后迅速抽出没有生机的新芽。两个季节后，这些树上的大树枝枯死了，枝条光秃秃地垂了下来，整棵树都变形了。我知道一条小路，在道路所及的地方，大自然用赤杨、荚蒾、甜蕨和杜松美化了环境，并随季节变化，时而花团锦簇，时而硕果累累。这条路没有繁忙的交通，也没有急转的弯道或十字路口，在那里几乎没有道旁的灌木可能会妨碍驾驶员的视线。但是杀虫剂喷雾器接管了一切，这条路很快就成为人们不愿留恋之地，这种景象让人无法忍受。因为是我们手中的科技让世界变得如此丑陋。不知道为什么，权威们总是迟疑不决。由于某种意外，一些喷洒过药物的地方，有时会残留下小块"绿洲"。在这些绿洲，随风飘动的白色三叶草，云朵般一簇簇的紫色野豌豆花随处可见，还有绚丽的木百合，让人精神为之一振。

　　这些植物对于从事销售和使用化学品业务的人来说，仅是"杂草"。在常规机构之一的杂草控制会会议记录中，我曾经读过一篇使用除草剂理念的陈述。作者捍卫了杀死有益植物的理由："仅仅是因为它们和有害的植物长在一起。"他说，那些抱怨在路边杀死野花的人使他想起了反对活体解剖论者，"如果根据他们的观点进行判断，流浪狗的生命比孩子的生命更加神圣"。对于该文的作者来说，我们当中的许多人无疑会被怀疑犯有某种深深的歪曲原意之罪，因为我们更喜欢野豌豆、三叶草和木百合们微妙而短暂的美，而不是现在焦灼的路边。我们竟然能容忍这样的景象，这的确可悲。

道格拉斯大法官讲述了他参加联邦野外人员会议的情况，这些人讨论了本章前面提到的人们对喷洒鼠尾草除草剂计划的抗议。这些人认为一位老太太因为野花将被销毁而反对这个计划是一件很好笑的事。"然而，她寻找一株萼草或卷丹的权利，不就是像牧人搜寻草丛或伐木工人寻求树木的权利一样不可剥夺吗？"一位有人文精神和洞察力的法学家问道。"荒野的美学价值与我们继承的山丘中的铜、金矿和森林的价值一样。"

当然，除了这些美学考量之外，保护我们路边植被的原因还有更多。在自然中，天然植被至关重要。沿乡间小路和周边地区的树篱为鸟类和许多小动物提供食物、覆盖物和筑巢区。仅在东部各州，约有 70 种灌木和藤本植物是典型的路边物种，其中约 65 种是野生动植物的主要食物。

这些植被也是野蜂和其他授粉昆虫的栖息地。人类比平时所意识到的更加依赖这些野生传粉者。然而农民对野蜂的价值了解得也很少，并且经常做一些事情限制野蜂的活动。一些农作物和许多野生植物都或多或少甚至全部受益于本地授粉昆虫的服务。数百种野生蜜蜂参与了农作物的授粉活动，其中有 100 种在紫苜蓿的花朵中授粉。如果没有昆虫授粉，未耕种地区的大多数固土和富土植物就会灭绝，从而对整个地区的生态产生深远的影响。许多草本植物、灌木和森林树木以及其范围内的其他树木都依靠本地昆虫繁殖。没有这些植物，许多野生动物和牲畜将几乎找不到食物。现在，清洁种植法以及对树篱和杂草的化学破坏正在消除这些授粉昆虫最后的乐园，并切断了生命与生命之间的关联。

这些昆虫对我们的农业乃至我们所知道的景观至关重要，而我们却对它们的栖息地进行着无意义的破坏。蜜蜂和野生蜜蜂严重依赖像秋麒麟草、芥菜和蒲公英这样的"杂草"来获取花粉，这些花粉可以作为幼虫的食物。在紫苜蓿开花之前，野豌豆为蜜蜂提供了春季必不可少的食物，使其度过春荒，以便为紫苜蓿的授粉做好准备。在秋天，它们在没有其他食物可用的季节，依靠秋麒麟草储备过冬。根据自然的精确和微妙的时间安排，一种野生蜂的出现恰恰是柳树开花的时候。理解这些事情的人并不少，但他们不是那些命令用化学药水大规模浇灌大地景观的人。

知道适当的栖息地对保护野生动植物的意义重大的人又在哪里呢？很多人认为除草剂比杀虫剂毒性低，所以站在了除草剂"无害"这边，认为除草剂可以使用。

但是，随着除草剂在森林和田野、沼泽和牧场上的喷洒，它们带来了巨大的变化，甚至造成野生动植物栖息地的永久性破坏。从长远来看，摧毁野生生物的食物和栖息地可能比直接杀死它们更糟。讽刺的是，这种对路边和公共区域的全面的化学袭击具有双重意义。人们试图要解决的问题可能永久存在，因为经验已表明，全面使用除草剂并不能永久控制住路边的"灌木"，必须年复一年地重复喷洒。更具讽刺意味的是，尽管我们知道有一种更好的选择性喷洒的方法可以长期控制植物生长，并不需要在大多数植物间重复喷洒，但我们仍然坚持之前的做法。

沿道路和路标进行灌木丛控制的目的不是要把草以外的所有植被都清除；相反，它是要消除高到足以对驾驶员的视线造成障碍或干扰路标线的植物。通常，这说的是乔木。大多数灌木都足够低，没有危害。当然蕨类植物和野花也是如此。

选择性喷洒是美国自然历史博物馆道路灌木控制建议委员会的主任弗兰克·埃格勒博士历时数年发明的。它利用了大自然的固有稳定性：大多数灌木群落对树木入侵的抵抗力很强。相比之下，草原很容易被树苗入侵。选择性喷洒的目的不是在路边和路标区域上种草，而是通过直接消除高大的乔木并保护所有其他植被的方法就可以了，并对极少数有抗药性的物种进行后续处理，此后灌木就会保持这种控制效果，乔木不会复生。最好和最便宜的方法是进行植被控制而非化学控制。

　　该方法已经在遍布美国东部的研究区域进行了测试。结果表明，经过适当的处理后，该区域灌木丛变得稳定，至少 20 年内无须重新处理。喷洒作业通常可以由步行者使用背负式喷雾器完成，并对其严加控制。有时可以将压缩机泵和喷药器械安装在卡车底盘上，但不进行覆盖性喷洒，这样做可以仅针对乔木和必须消除的某些异常高大的灌木，从而保持了环境的完整性。野生动植物栖息地的巨大价值也未受到影响，灌木、蕨类植物和美丽的野花并未被损害。

　　很多地方已经采用了通过选择性喷雾进行植被管理的方法。大多数情况下，根深蒂固的习俗很难消亡，地毯式喷洒仍在蓬勃发展，它从纳税人那里收取了昂贵的年费，并给生态环境带来了破坏。当然，它之所以能够蓬勃发展，仅仅是因为上述事实不为人知。当纳税人了解到，只需要一代人支付一次而不是一年一次的城镇道路喷洒费用时，他们肯定会要求改变方法。

　　选择性喷洒的众多优点之一是，它可以最大限度地减少喷洒在景观上的化学药物的用量。没有漫天撒药，而是集中应用到树木的根部。因此，这将对野生动植物的危害降到最低。

　　最广泛使用的除草剂是 2，4-D、2，4，5-T 和相关化合物。这些除草剂是否真正有毒是一个有争议的问题。人们在草坪上喷洒 2，4-D，如果身体被喷雾弄湿，有时会出现严重的神经炎甚至瘫痪。尽管此类事件不常见，但医疗机构建议在使用此类化合物时要谨慎。其他危险更隐蔽，可能出现在 2，4-D 的使用中。实验表明，它会干扰细胞呼吸的基本生理过程，并像 X 射线一样破坏染色体。最近的一些研究工作表明，虽然除草剂的用量可能远低于引起人类死亡的水平，但会对鸟类的繁殖造成不利影响。

　　除了任何直接的毒性作用外，使用某些除草剂还会产生奇怪的间接结果。业已发现，野生食草动物和牲畜有时都被喷洒过的植物奇怪地吸引，即使这些被喷洒过的植物不是其天然食物之一。如果使用了剧毒的除草剂（例如砷），动物对这种枯草的强烈渴望将不可避免地带来灾难性的后果。如果植物本身碰巧有毒或可能带有荆棘或芒刺，则即便是毒性较低的除草剂也可能产生致命的后果。例如，有毒杂草在喷药后突然变得对家畜极有吸引力，并且动物由于这种非自然的进食而死亡。在兽医的文献中，类似的例子很多：吃了喷过药的瞿麦草的猪和吃了喷过药的羊蓟的小羊患了严重的疾病，在喷过药的芥菜花中采蜜的蜜蜂也中毒了。野樱桃的叶子有剧毒，一旦在叶子上喷上 2，4-D，野樱桃就会对牛产生致命的吸引力。显然，喷雾（或切割）后的枯萎使这些植物更具吸引力。豕草提供了其他例子，牲畜通常会避开这种植物，除非在冬季末和初春由于缺乏其他草料而不得不吃它。但是，在向其叶子喷洒 2，4-D 后，动物们会急切地以它为食。

之所以会出现这种现象似乎是由于该化学物质影响了植物自身的新陈代谢。糖含量暂时激增，使植物对许多动物更具吸引力。2，4-D 的另一个奇怪作用对牲畜、野生动植物的影响很明显，对人也很明显。大约 10 年前进行的实验表明，化学品处理后的玉米和甜菜的硝酸盐含量急剧增加，高粱、向日葵、紫花蒿、羊腿草、猪杂草和伤心草可能同样如此。其中一些草牛通常不吃，但是在用 2，4-D 处理后，牛吃得津津有味。一些农业专家认为，喷过药的杂草可能导致了许多牛的死亡，危险在于硝酸盐的增加，因为反刍动物的特殊生理结构加剧了这个关键问题。这类动物的消化系统异常复杂，包括将胃分为四个腔室。纤维素的消化是通过其中一个腔室中的微生物（瘤胃细菌）完成的。当动物以硝酸盐含量异常高的植物为食时，瘤胃中的微生物会作用于硝酸盐，从而将其转变为剧毒的亚硝酸盐。此后亚硝酸盐作用于血液色素上，形成巧克力色物质，其中的氧气被牢固地固定，无法参与呼吸，因此氧气不会从肺部转移到组织。死亡发生在缺氧的几个小时内。因此，关于在用 2，4-D 处理过的某些杂草上放牧后导致牲畜损失的各种报道有了一个合理的解释。对于反刍类的野生动物，如鹿、羚羊、绵羊和山羊同样危险。

尽管各种因素（例如异常干燥的天气）都会导致硝酸盐含量增加，但是 2，4-D 的大量销售和应用的影响却不容忽视。威斯康星大学农业实验站对这类事件非常关注，他们在 1957 年就发出过被 2，4-D 杀死的植物可能含有大量的硝酸盐的警告。这种危害不仅涉及人类，还涉及动物。这可能有助于解释最近的“孤岛死亡”的奇异事件。玉米、燕麦或高粱中含有大量硝酸盐时，它们会释放出有毒的氮氧化物气体，对进入粮库的人造成致命危害。只要吸进几口这些气体中的一种就能引起弥漫性化学肺炎。在明尼苏达大学医学院研究的一系列此类案例中，除一个案例外，其他案例均有人员死亡。

"我们在大自然中行走，就像大象在瓷器柜中行走一样。"荷兰科学家C.J.贝尔金罕见地总结了我们对除草剂的使用情况。"我们认为太多事情都是理所当然的。我们不知道究竟是作物中的所有杂草都有害，还是只是其中一些是有害的。"贝尔金博士说。

很少有人问这个问题，杂草和土壤之间是什么关系？也许，即使从我们狭隘、直接的个人利益角度来看，这种关系也是有用的。正如我们所看到的，土壤和土壤中的生物之间存在着相互依存和利用的关系。大概，杂草从土壤中吸取一些东西，同时它也回馈一些。

荷兰一个城市公园最近提供了一个实例。玫瑰花长得不好。土壤样品显示出其中有细小的线虫。荷兰植物保护局的科学家不建议使用化学喷雾剂或土壤处理剂。相反，他们建议把万寿菊种在玫瑰中。纯粹主义者无疑会认为万寿菊是玫瑰花床上的杂草，但是，万寿菊会从根部释放出排泄物，杀死土壤中的线虫。该建议已被采纳；有些花床种了万寿菊，有些则没有，以此作为对照。结果是惊人的。在万寿菊的帮助下，玫瑰蓬勃发展。在没有万寿菊的花床上，玫瑰花病倒了。万寿菊现在在许多地方应用于防治线虫。

这种方式也许还不为人知。我们无情根除的其他植物可能正在发挥使土壤保持健康所必需的功能。天然植物群落中"杂草"的一个非常有用的功能是作为土壤状况的指标。当然，在使用化学除草剂的地方，这种有用的功能会丧失。

那些以为喷洒农药就能解决所有问题的人忽略了一个具有重大科学意义的事实，即人类需要保护一些天然的植物群落，并以此为标准来衡量人类活动对环境造成的变化。我们需要天然的植物群落来维持昆虫和其他生物原始种群的野生栖息地，因为如第十六章所述，对杀虫剂的抗药性的增长正在改变昆虫和其他生物的遗传因素。一位科学家甚至建议，在这些昆虫的遗传性质进一步改变之前，应建立某种"动物园"来保护昆虫、螨虫等生物。

一些专家警告说，由于越来越多地使用除草剂，植被已经发生了微妙而深远的变化。2，4-D 通过杀死阔叶植物，使牧草没有竞争而苗壮成长——现在一些牧草本身已成为新的"杂草"，这带来了控制上的新问题，并带来了新的循环。在最近一期专门针对作物问题的杂志上也说明了这种奇怪的情况："随着 2，4-D 广泛用于控制阔叶杂草，其他杂草已越来越成为玉米和大豆产量的一种新威胁。"

枯草热病受害者的病原——豚草提供了一个有趣的例子，说明了控制自然的努力有时就像玩回旋镖一样。人类以控制豚草的名义沿路边喷洒了数千加仑的化学药物。但不幸的是，地毯式喷洒却导致更多豚草的出现。豚草是一年生的，其幼苗每年需要开阔的土地。因此，我们对这种植物的最佳清除方式是维持茂密的灌木、蕨类植物和其他的多年生植物。喷洒经常会破坏这些保护性植被，并造成豚草向开阔、贫瘠的地区蔓延。此外，空气中引起过敏的花粉可能与路边的豚草无关，而与城市地段和休耕地的豚草有关。

马尾草化学杀虫剂的热销是不合理的方法迅速流行导致严重后果的另一个例子。比起年复一年地用化学药物杀死马尾草，有一种更便宜的、更好的方法即施加一种让它无法生存下来的竞争，也就是和其他草的竞争。马尾草仅存在于不健康的草坪上。这是它的特性而不是疾病。通过提供肥沃的土壤并给其他草提供良好的生长环境，就有可能营造一个让马尾草无法生长的环境，因为它每一年的繁殖都需要一个开阔的空间。郊区居民不是在处理基本问题，而是在听从杀虫剂生产商意见的苗圃人员的建议下，继续每年在其草坪上施用数量惊人的除草剂。这些商品的销售名称没有任何关于其性质的暗示，其中许多含有有毒物质，例如汞、砷和氯丹。以推荐的比例施用会在草坪上留下大量的这些有毒物质。例如，如果一种产品的使用者遵循指示，将60 磅工业用氯丹施用到 1 英亩土地上。如果他们使用许多可用产品中的另一种，他们将向该英亩施用 175 磅金属砷。正如我们将在第八章中看到的那样，鸟类死亡的数量令人难过。这些草坪对人类的致命性究竟如何，我们还未知。

选择性喷洒路边和路标区植被的成功实践为农场、森林和山脉的其他植被的合理开发提供了希望，该方法的目的不是破坏特定物种而是去管理植被群落。

其他可观的成就也表明了我们是可以在控制有害植被方面，取得引人注目的成功的。大自然也遇到过困扰我们的许多问题，她通常以自己的方式成功解决了这些问题。如果人类足够聪明地观察和模仿自然，人类也能获得成功。

在控制有害植物方面，一个杰出的例子是加利福尼亚州处理克拉马斯杂草的方式。尽管克拉马斯杂草原产欧洲，在那里被称为圣约翰草，但它伴随着人类向西迁移，于1793年首次出现在美国宾夕法尼亚州兰开斯特附近。到1900年，它已到达加利福尼亚州的克拉马斯河附近，因此在当地得名。到1929年，它占据了大约10万英亩的牧场，到1952年，它已经入侵了大约250万英亩的土地。克拉马斯杂草与鼠尾草等本地植物完全不同，在该地区的生态系统中原本没有位置，也没有动物或其他植物需要它的存在。相反，无论它在哪里出现，牲畜吃了这种有毒植物，都变得"身长疥癣，口生疮，病快快"，因而克拉马斯杂草被认为是土地价值下降的罪魁祸首。

在欧洲，克拉马斯杂草或圣约翰草从未成为问题，因为随着植物的生长进化，这里已经有了各种昆虫。这些昆虫以它为食，严重限制了它的生长。特别是法国南部的两种甲虫，它们只有豌豆大小，身体是金属色，它们的生存适应了这种杂草，只依靠其觅食和繁殖。

这些甲虫首次于1944年被运到美国，这是具有历史意义的事件，因为这是北美第一次尝试用食草的昆虫控制植物。到1948年，这两个物种已经非常成熟，不再需要进口。它们的传播是通过从原来的繁殖地收集甲虫并以每年数百万只的再分布速度来实现的。在小区域内，甲虫会自己分散开，一旦克拉马斯杂草死亡，甲虫便会继续前进，并很精确地找到新的居住地。当甲虫使杂草变稀时，已经被排挤掉的那些人们喜欢的牧场植物便能够再次欣欣向荣。

1959年完成的一个10年调查显示，生物控制使克拉马斯杂草减少到以前的1%。这种象征性侵扰是无害的，实际上是维持甲虫种群的必要条件，以防将来杂草再次增加。

在澳大利亚可以找到另一个非常成功且经济的除草实例。由于殖民者习惯于将植物或动物带到一个新的国家，亚瑟·菲利普上尉大约在 1787 年就将各种仙人掌带到了澳大利亚，打算将它们用于培养可以作为染料的胭脂虫。一些仙人掌从他的花园中生长到其他地方，到 1925 年，大约有 20 种已经变成野生的了。由于在这个新大陆没有东西可以抑制它们，它们大量传播，最终占地约 6000 万英亩。至少有一半土地被密集的仙人掌覆盖，以致人们没有办法再利用这片土地。

1920 年，澳大利亚昆虫学家被派往北美和南美，研究这些国家仙人掌的昆虫天敌。经过对几种物种的试验，1930 年在澳大利亚释放了 30 亿个阿根廷飞蛾卵。7 年后，仙人掌的最后一个密集生长地被破坏了，曾经无人居住的地区重新开放供人们定居和放牧。整个操作的成本不到每英亩 1 美分。相比之下，前几年那些不令人满意的化学控制每英亩花费约 10 英镑。

这两个例子都表明，通过更加关注以植物为食的昆虫的作用，可以实现对多种有害植物的有效控制。尽管这些昆虫也许是所有畜牧业者的最佳选择，并且其高度专一的饮食习性很容易为人所用，但是牧场管理学基本上忽略了这种可能性。

第七章　不必要的破坏

名师导读

为了控制部分昆虫，人们在土地上喷洒了大量的化学杀虫剂，在杀死昆虫的同时也杀死了其他野生动物，甚至是家养宠物。可是相关部门和杀虫剂生产商却否认伤害的存在。化学杀虫剂制造了哪些惨案？除了化学杀虫剂，人们还拥有对付昆虫的其他方法吗？让我们来看一看吧。

当人类朝着他们宣称的征服自然的目标前进时，也写下了令人沮丧①的破坏史，这种破坏不仅针对人类居住的地球，也针对与他们共享自然的其他生命。最近几个世纪的历史记录了这些阴暗面——西部平原上水牛遭到屠杀，海鸟遭到残害，为了得到白鹭的羽毛，人类几乎灭绝了它们。现在，我们正在增加新的破坏手段——用胡乱喷洒在土地上的化学杀虫剂直接杀死鸟类、哺乳动物、鱼类以及实际上几乎所有的野生生物。

按照现在的认识，人们对杀虫剂的使用是无法阻挡的。他们对昆虫进行扑灭的侵害算不上什么；如果知更鸟、野鸡、浣熊、猫甚至牲畜碰巧与要被捕杀的昆虫居住在同一片土地上，并被杀虫剂所害，没有人觉得有什么

名师点评

引用史实，说明人类在利益驱动下对其他生物造成的巨大伤害。

名师点评

用具体例子说明人们现在所持观点的荒谬。

---

① 沮丧：灰心失望。

问题。

想要对野生动植物损失问题做出公正判断的人们今天面临着两难的选择。一方面，环保主义者和许多野生生物学家断言，损失是严重的，在某些情况下甚至是灾难性的。另一方面，控制机构倾向于断然否认这种损失已经发生，或者说如果有的话，也并不重要。我们接受哪种观点？证据是否确凿① 至为重要。专业野生生物学家当然最有资格发现和解释野生生物的损失。昆虫学家没有看清这一问题，他们打心里不想看到控制程序的不良副作用。然而，坚决否认生物学家报道的事实并宣称他们看不到对野生动植物有害证据的是州和联邦政府的控制人员，当然还有化学品制造商。即使我们善意地把这些否认看成是专家和既得利益者的短视，但这并不意味着我们必须承认他们证据确凿。

形成我们自己判断的最好方法是查看一些主要的生物控制计划，并向熟悉野生生物习性、对化学物质没有喜恶偏好的观察者请教，当从天上掉下来的毒药倾泻而下进入野生动物的世界后发生了什么。对于观鸟者，从花园里的鸟类中获得欢乐的郊区居民，猎人、渔夫或野生地区的探险者来说，任何破坏该地区野生动物长达 1 年的做法都会使他失去享受这种快乐的合法权利。这是一个合理的观点：有时会发生这样的情况，即使一次喷药以后，一些鸟类、哺乳动物和鱼类的数量还是可以恢复的，但却已经造成了巨大而真实的伤害。

但是这种重建不太可能发生。喷洒往往是重复的，野生生物种群可能恢复的机会很少。喷洒通常造成的是

---

① 确凿：真实、确实。

一个有毒的环境，一个致命的陷阱，不仅原来的生物死去，而且新来的物种也会被影响。喷洒农药的面积越大，危害就越大，因为没有安全的绿洲。如今，在实行昆虫控制计划的 10 年中，以成千上万甚至以数百万英亩为单位的农田喷洒了农药，在这 10 年中，私人和城镇喷洒率也稳步上升，关于美国野生动植物的毁灭和死亡的记录已经积累很多。让我们看看其中的一些计划，看看发生了什么。

1959 年秋天，在密歇根州东南部，包括底特律的许多郊区，约有 2.7 万英亩的土地上高剂量地喷洒着艾氏剂，这是所有氯化烃中最危险的一种。该计划由密歇根州农业局与美国农业部合作实施；其目的是控制日本甲虫。

其实几乎没有必要采取这种激烈而危险的行动。相反地，沃尔特·尼克尔是该州最著名和最有见识的博物学家之一，他每年夏天在密歇根州南部度过很长时间，大部分时间都在田野里度过，他说："三十多年来据我所知，日本甲虫在底特律市的数量很少。在过去的几年中，这些数字并没有明显的增加。除了在底特律的政府捕捞陷阱中被捕到的几只日本甲虫外，我还没有看到过一只日本甲虫……一切都被保密，以至于我无法获得任何关于它数量增长的信息。"

官方消息只是宣布甲虫在指定对其进行"空袭"的区域出现了。尽管缺乏正当理由，该计划还是启动了，州政府提供人力并监督运营，联邦政府提供设备和补充人员，乡镇为杀虫剂付费。

1916 年，在新泽西州发现了日本甲虫，这是一种无意中引入美国的昆虫，当时在里弗顿附近的一个苗圃

名师点评
引起下文。

思考探究
作者为什么在这里特意点出目的？

名师点评
博物学家的话说明日本甲虫并没有大量增长，说明喷洒杀虫剂计划是不必要的。

中发现了这些金属绿色的闪亮甲虫。最初未被识别的甲虫最终被确定为日本主要岛屿的"普通居民"。显然，它们是在 1912 年限制条款宣布之前通过进口的苗木进入美国的。从其最初的入口开始，日本甲虫已在密西西比州以东的许多州广泛分布，那里的温度和降雨条件适宜它的生存。每年，通常都会有一些甲虫超出其分布的现有区域向外扩展。在甲虫定居时间最长的东部地区，已尝试建立自然控制。正如许多记录所证明的那样，在这种控制下，甲虫种群数量一直处于相对较低的水平。

名师点评

说明自然控制有效，从另一方面说明了喷洒杀虫剂没有必要。

　　尽管有在东部地区进行合理控制的记录，但现只不过是处于甲虫分布范围边缘的中西部各州发起了一次本应是向最致命的敌人才发动的攻击，而不仅仅是对付中等破坏性的昆虫。他们采用了最危险的化学药物，大量的人、家畜以及所有野生生物都中毒了。消灭这些日本甲虫的计划对动物生命造成了严重破坏，并使人类面临无法否认的危害。以控制甲虫的名义，密歇根州、肯塔基州、爱荷华州、印第安纳州、伊利诺伊州和密苏里州的部分地区都遭受了化学药物的喷洒。

名师点评

列举具体的州名，说明杀虫剂使用的地域极其广泛。

　　密歇根州的喷洒是首次从空中对日本甲虫的大规模喷洒。艾氏剂是所有化学药物中最致命的一种，选择艾氏剂进行喷洒不是出于日本甲虫的特殊性，而是由省钱的想法决定的——艾氏剂是现有可用化合物中最便宜的。尽管该州在官方新闻稿中承认艾氏剂是一种"毒药"，但它却暗示在人口稠密地区使用该化学物质对人类不会造成伤害。后来当地媒体引用了联邦航空局的一名官员的说法："这是安全的操作。"底特律一个公园和游乐部的代表补充说："这种药物的粉尘对人类无害，不会伤害植物或宠物。"只能说这些官员中没有一个查阅

名师点评

直接引用官方的说法，其中蕴藏着作者的讽刺。

过美国公共卫生署、鱼类和野生动植物管理局已发布且随时可用的报告，以及艾氏剂具有剧毒性质的其他资料。

根据密歇根州有害生物控制法，该法律允许该州不加通知或不需获得个别土地所有者的许可就可随意喷洒药物，于是低空飞机开始在底特律地区上空飞行。市政府和联邦航空局立即被忧虑的市民包围。根据《底特律新闻》报道，在一个小时内接到近800个电话后，警察恳求广播电台、电视台和报纸"告诉观察者他们所看到的是什么，并告知他们这是安全的"。联邦航空局的安全官员向公众保证，"飞机接受了仔细的监督"，并且"被授权低空飞行"。为了减轻恐惧，他做了一些错误的尝试，他补充说，飞机上装有应急阀，可以让他们立即倾倒全部货物。幸运的是，这并没有完成，但是当飞机着手进行工作时，杀虫剂的颗粒落在了甲虫和人类身上，大量"无害的"毒药洒在购物或上班的人们身上，甚至是放学的孩子们的身上。家庭主妇从门廊和人行道上扫走了这些颗粒，据说它们"看起来像雪"。正如密歇根州奥杜邦协会后来指出的那样："在屋顶与天花板的空隙之间，屋檐槽中，树皮和树枝的裂缝中，不超过大头针大小的白色的艾氏剂和黏土颗粒，数以百万计地出现……当下雪和下雨时，每个水坑都变成了潜在的死亡药水。"

喷洒工作后的几天内，底特律奥杜邦协会开始接到有关鸟类的电话。该协会秘书安·博伊斯女士说："人们最担心喷雾后果的第一个迹象是我在周日早上接到一个电话，该妇女报告说从教堂回家后，已死和快死的鸟类数量众多，令人震惊。那里的喷洒是在星期四进行的。

名师点评

充分说明了喷洒的杀虫剂剂量之大。

她说，该地区根本没有鸟飞过，她在后院发现了至少 12 只死鸟，邻居发现了死掉的松鼠。"那天，博伊斯夫人接到的所有其他电话都报告"死鸟很多，没有活鸟……有喂鸟器的人说他们的喂鸟器根本没有鸟来光顾"。拾起的鸟类在垂死[1]状态下表现出典型的杀虫剂中毒症状：颤抖，失去飞行能力，瘫痪，抽搐。

鸟类并不是立即受到影响的唯一生物。一位当地兽医报告说，他的办公室里到处都是带着突然生病的宠物来看诊的客人。精心舔舐整理皮毛并舔爪子的猫受到的影响似乎最大，表现为严重的腹泻、呕吐和抽搐。兽医唯一可以给客户的建议是尽量不要把动物放出去，或者出门后，请立即给宠物洗脚。（但是，即使从水果或蔬菜中也是无法清洗氯化烃的，因此，预计该措施几乎不会提供任何保护。）

尽管城镇卫生专员坚持认为，禽类一定是通过"其他喷洒方法"被杀死的，并且在暴露于艾氏剂之后出现的喉咙和胸部刺激一定是由于"其他原因"造成的，但当地卫生部门不断收到投诉。底特律的一位著名内科医师被请去给 4 位病人看病，他们在观看飞机撒药时暴露了 1 个小时，随后出现了病症。所有人都有类似的症状：恶心、呕吐、发冷、发烧，极度疲劳和咳嗽。

因为对抗日本甲虫的压力越来越大，底特律用化学药物对抗甲虫的经验也被许多其他城镇反复采用。在伊利诺伊州的蓝岛，人们捡拾了数百只死亡和垂死挣扎着的鸟类。这里的数据表明，有 80% 的鸣鸟已经死亡了。1959 年，在伊利诺伊州乔利埃特，大约有 3000 英亩土

名师点评
过渡到对其他动物的列举。

思考探究
想一想，政府官员为什么坚持不改变自己的观点？

[1] 垂死：接近死亡。

地被人用七氯进行了处理。根据当地运动员俱乐部的报告，在该区域内的鸟类"几乎被消灭了"，同时还发现了大量的死兔子、麝鼠、负鼠和鱼，而且当地一所学校将收集被杀虫剂毒死的鸟类作为一项科学活动。

为了一个没有甲虫的世界，也许没有哪个城镇比伊利诺伊州东部的谢尔顿和易洛魁县附近地区遭受的苦难更多。1954年，美联邦农业部和伊利诺伊州农业部开始了一项消灭进入伊利诺伊州的日本甲虫的计划。他们希望以强力喷洒来消灭入侵的甲虫。第一次"根除"发生在当年，当时狄氏剂通过空气施用到1400英亩的土地上。1955年，对另外2600英亩的土地进行了类似的处理。越来越多的人们要求使用化学处理，到1961年底，化学喷洒已覆盖了约13.1万英亩。即使在该计划的最初几年，野生动植物和家养动物的损失也很明显。尽管如此，化学处理仍在继续进行，也未与美国鱼类和野生动植物管理局或伊利诺伊州渔猎局协商。（但是，在1960年春季，联邦农业部的官员出现在国会委员会，反对喷洒药物需事先进行咨询的法案。他们温和地宣布该法案是不必要的，因为合作和磋商是经常的。这些官员完全并不知道在州一级没有进行合作的情况。在同一听证会上，他们明确表示不愿意与州渔猎局进行磋商。）

尽管用于化学控制的资金流源源不断，伊利诺伊州自然历史调查所的生物学家试图衡量化学控制对野生动植物的破坏时却在财务方面捉襟见肘①。在1954年，仅有1100美元可用于雇佣野外工作助理，而在1955年，没有任何特殊资金可用。尽管存在这些严重的困难，但

① 捉襟见肘：拉一拉衣襟，就露出臂肘。形容衣服破烂。比喻顾此失彼，穷于应付。

生物学家们整理了一些事实，集中描绘出野生动植物遭到空前破坏的情况，这一破坏现象在类似项目开始实施后变得显而易见。

对于食虫的鸟类来说，中毒的情况不仅取决于农药的剂量，也取决于人类使用农药的方式。在谢尔顿地区的早期项目中，狄氏剂以每英亩 3 磅的比例施用。要了解其对鸟类的影响，只需要记住，在对鹌鹑做的狄氏剂的实验中，已证明其毒性约为滴滴涕的 50 倍。因此，散布在谢尔顿土地上的狄氏剂大约相当于每英亩 150 磅滴滴涕！这是最小值，因为沿田间边界和角落似乎存在一些重复的喷洒。

当化学药物渗透到土壤中时，中毒甲虫的幼虫在地表上爬行，死亡前在地表停留了一段时间，这对食虫的鸟类很有吸引力。撒药后约两周，各种死亡昆虫和垂死昆虫的数量都非常大。可以很容易地预见到对这鸟类数量的影响。棕色的长尾鲨鸟、燕八哥、野百灵鸟、白头翁和野鸡几乎被消灭了。根据生物学家的报告，知更鸟"几乎被歼灭了"。一阵细雨过后，已见到大量死去的蚯蚓。知更鸟可能吃了有毒的蚯蚓。对于其他鸟类来说，曾经有益的雨也不再有益，它把农药的邪恶力量引入这个世界，变成了破坏的媒介。喷洒几天后，看到小鸟在雨水留下的水坑里喝水和洗澡后死去，这注定是无可避免的悲剧。

幸存的鸟可能已经中毒。尽管在喷洒区发现了一些巢，一些巢中有鸟蛋，但没有一个幼鸟。

在哺乳动物中，田鼠几乎被歼灭，它们的尸体呈现出中毒暴毙的特征。在喷洒区发现了死麝香鼠，在田间发现了死兔子。黑松鼠在城里是一种相对常见的动物，

名师点评

用具体的数字说明喷洒的剂量之大，造成的危害之大也就可想而知。

名师点评

引用生物学家的说法，更有说服力。

喷洒后它消失了。

在甲虫之战开始后，如果谢尔顿地区的某个农场还有猫出现，那实属罕见。在喷洒后的第一个季节，所有农场的猫中有90%成为狄氏剂的受害者。从其他地区这些毒药的不良记录来看，这是可以预测的。猫对所有杀虫剂特别是狄氏剂尤其敏感。据报道，在世界卫生组织实施的抗疟疾计划过程中，爪哇西部的猫已经死亡。在爪哇中部，有许多猫被杀，导致猫的价格翻了一番。同样，世界卫生组织得到报告，喷洒已经使委内瑞拉的猫变成稀有动物。

在谢尔顿地区，抗击昆虫的运动不仅牺牲了野生生物，而且还牺牲了家禽和家畜。对几群绵羊和一群肉牛的观察也表明中毒和死亡也威胁着它们。《自然史调查》报告描述了以下事件之一：绵羊从5月6日用狄氏剂处理过的田地经过，它们穿过碎石路，被驱赶到一处未经处理的牧场中。很显然，有些喷雾剂已经飘过马路进入牧场，因为绵羊几乎立即开始出现中毒症状……它们对食物失去了兴趣，并表现出极大的躁动，沿着牧场围栏转圈，显然是在寻找出路……它们拒绝被驱赶，几乎不停地流血，低着头站着。它们终于从牧场被带走了……它们表现出了对水的强烈渴望。其中有两只绵羊在穿过牧场的溪流时死亡，其余绵羊被反复驱赶出溪流，其中几只不得不从水中被强行拖出。最终有3只羊死亡。剩下的那些恢复了原来的状态。

这就是1955年底的情况。尽管"化学战争"在随后的几年中仍在继续，但研究经费完全枯竭了。自然历史调查所向伊利诺伊州议会提交的年度预算中包括了杀虫剂对野生动植物的影响研究，但这成了第一个被取消的项目。直到 1960 年，人们才以某种方式找到钱来支付一位现场助理的费用——他一人做了四个人的工作。

当生物学家恢复在 1955 年中断的研究时，野生动植物荒芜的状况几乎没有改变。与此同时，喷洒的化学药物已被毒性更高的艾氏剂替代，在对鹌鹑的试验中证明其毒性是滴滴涕的 100 到 300 倍。到 1960 年，该地区已知的每一种野生哺乳动物都遭受了迫害。鸟儿的情况更糟。在多诺万小镇，知更鸟、白头翁、燕八哥、长尾鲨鸟统统被杀死。这些鸟类和许多其他鸟类的数量急剧减少。打野鸡的猎人敏锐地感受到了消灭甲虫对动植物的影响。在经过喷洒的土地上生产的育雏数量减少了约 50％，雏鸟中的幼仔数量也下降了。狩猎野鸡前些年在这些地区不成问题，但现在却由于无利可图而被放弃了。

尽管以消灭日本甲虫为名造成了巨大破坏，但易洛魁县 8 年间对 10 万多英亩的土地进行的处理似乎只是暂时抑制了这种昆虫，它们还是持续向西扩张。由于伊利诺伊州生物学家所测得的结果只是最小值，因此这种效率低下的计划所造成的全部损失可能永远无法得知。如果该研究计划获得足够的资金并且允许全面报道，那么所揭露的破坏情况将更加骇人听闻。但是在喷洒计划的 8 年中，联邦政府仅提供了大约 6000 美元用于生物学野外研究；同时，花费了约 37.5 万美元用于控制工作，而州政府又提供了数千美元。因此，用于研究的费用仅占喷洒计划支出的百分之一的一小部分。

这些中西部计划是本着预防危机的精神进行的，好像甲虫的发展带来了极大的危险，所以需要与之抗衡且不择手段。当然，这是对事实的歪曲，如果忍受这些化

思考探究

这项研究为什么会被取消？是没有资金还是没有必要？你能想出其中的原因吗？

名师点评

说明这种方式是无用的。

名师点评

两种数字形成鲜明对比，让读者心寒。

学侵蚀的城镇熟悉在美国的日本甲虫的早期历史，那么他们肯定不会这样默许并甘心接受的。

东部各州有幸在合成杀虫剂被发明之前就遭遇了甲虫的入侵，它们不仅在入侵中幸存下来，而且还通过对其他任何生命形式均不构成威胁的手段将其控制住。在东部，没有像底特律或谢尔顿那样喷药。那里的有效方法涉及发挥自然的控制力，而自然控制具有持久性和环境安全性的多重优势。

甲虫进入美国后的最初 12 年中，数量迅速增长，因为它们没有受到本土天敌的限制。但是到 1945 年，它已在分布的大部分地区成为次要害虫。它的减少主要是由于从远东地区进口了寄生虫，并利用了对它有致命影响的疾病。

在 1920 年至 1933 年之间，在对甲虫的整个分布范围进行了艰苦的搜索后，从东方国家引进了约 34 种掠食性或寄生性昆虫，以建立自然控制。其中，有 5 种在美国东部已经定居。最有效和分布最广的是来自韩国和中国的寄生黄蜂。寄生黄蜂在土壤中发现甲虫幼虫后，对幼虫注入麻痹液，并将单个卵附着在幼虫的表皮下。蜂卵孵化成幼虫，以瘫痪的甲虫幼虫为食，并把它吃光。在大约 25 年的时间里，根据州和联邦机构的合作计划，它被引入了东部的 14 个州。寄生黄蜂在这一地区广泛定居，昆虫学家普遍认为它们在控制甲虫方面起着重要作用。

另一种影响甲虫科（金龟子科甲虫，日本甲虫就属于此种）的细菌性疾病起着更为重要的作用。这是一种非常特殊的生物，不攻击其他类型的昆虫，对蚯蚓、温血动物和植物也无害。该病的孢子存在于土壤中。当这种孢子通过觅食的甲虫幼虫被食入和吸收时，它们在幼虫的血液中大量繁殖，导致其变成异样的白色，因此俗称"牛奶病"。

1933 年在新泽西州发现了"牛奶病"。到 1938 年，它在被日本甲虫侵染较早的地区已相当普遍。1939 年启动了控制计划，旨在加快这种疾病的传播。目前尚未开发出在人工培养基中生长这种致病细菌的方法，但已开发出令人满意的替代方法。将受感染的甲虫幼虫磨碎、干燥，并与白垩土粉尘混合。在标准的混合物中，1 克粉尘包含 1 亿个孢子。在 1939 年至 1953 年之间，东部的 14 个州约有 9.4 万英亩土地按联邦政府与州之间的合作计划进行了这种混合物的处理；联邦土地上的其他地区也如此；一些未知但广阔的地区也被私人组织或个人处理了。到 1945 年，在康涅狄格州、纽约州、新泽西州、特拉华州和马里兰州的甲虫种群中，牛奶病孢子肆虐。在某些试验区，甲虫幼虫的感染率高达 94%。1953 年，该计划作为一项政府事业被终止了，由一家私人实验室接管并生产，该实验室继续为个人、花园俱乐部、公民协会以及所有其他对甲虫控制感兴趣的人提供产品。

实施该计划的东部地区现在已在实施甲虫的高度自然控制中得到实惠。细菌在土壤中保持了可持续的繁殖，因此将永久地在土壤中保留下来，其有效性还会不断提高，并在自然作用下不断传播。

那么，为什么在东部拥有如此骄人的记录的情况下，在伊利诺伊州和其他中西部州却没有尝试过相同的方法？在这些州中，消灭甲虫的"化学战"如今进行得如火如荼？

名师点评

这是做诠释的说明方法。

名师点评

列举具体的地区和数字，说明这种防治方法的效果好。

名师点评

用疑问的方式引起下文，也提起读者的阅读兴趣。

有人告诉我们，"牛奶病"孢子的接种"太贵了"，然而在 20 世纪 40 年代的东部 14 个州却没有人发现这一点。这是通过哪种计算方式得出"太贵"的判断？当然，没有任何人能够评估由谢尔顿地区喷洒程序造成的全部破坏的真实成本。该判断还忽略了仅需接种一次孢子的事实。第一次的费用是唯一成本。

我们还被告知，"牛奶病"孢子不能用于甲虫分布的边缘范围，因为只有在土壤中已经存在大量甲虫幼虫的地方才能让"牛奶病"孢子存活下来。像许多其他支持喷洒的说法一样，这一说法也值得质疑。已发现引起"牛奶病"的孢子感染了至少 40 种其他甲虫，这些甲虫总体上分布很广，即使在日本甲虫种群很少或根本不存在的情况下，也有助于传播这种病。此外，由于孢子在土壤中具有长期的活力，因此即使在完全没有幼虫的情况下也可以将其引入，如在当前甲虫蔓延的边界地区上一样。

那些希望不惜任何代价立即取得成果的人，无疑将继续对甲虫使用化学药物。那些喜欢"推陈出新"①的现代人也是如此，因为化学控制会自我延续，需要频繁且昂贵的重复。

另一方面，那些愿意等待一两个季节才能获得回报的人会倾向于利用"牛奶病"。随着时间的流逝，他们将获得持续的控制权，而这种控制权会变得越来越有效，而不是越来越不那么有效。

伊利诺伊州皮奥里亚市的美国农业部实验室正在进行一项广泛的研究计划，寻找人工培养"牛奶病"孢子

名师点评

反驳有理有据。

名师点评

新的降低成本的研究正在进行，这是对自然控制成本高的进一步反驳。

---

① 推陈出新：去掉旧事物的糟粕，取其精华，以创造新事物。

的方法。这将大大降低其成本，鼓励其更广泛地使用。经过多年的努力，现在已经取得了一些成功。当这种突破性得到实质性进展后，也许我们会恢复与日本甲虫斗争中的一些理智和见解。在这场斗争中，化学控制从未将甲虫的破坏控制在一个合理的范围。

伊利诺伊州东部的化学喷洒事件引发了一个不仅关于科学而且关于道德的问题：任何文明是否都可以在不破坏自身，不丧失被称为"文明的尊严"的情况下对生命发动无情的战争。

思考探究

想一下，这个问题你该怎样回答。

这些杀虫剂并不具有选择性。它们不会有选择地消灭我们希望摆脱的物种。使用它们中的任何一种都是致命的，所以它们会毒化所有与之接触的一切生命：某些家庭所钟爱的猫、农夫的牛、田野里的兔子以及空中的百灵鸟。这些生物对人类没有任何伤害。的确，由于它们和它们同伴的存在，人们的生活更加多彩。然而，人们的回报竟是突然而又可怕的死亡。谢尔顿地区的科学观察员描述了濒临死亡的百灵鸟的症状："尽管它缺乏肌肉协调能力，无法飞行或站立，但它仍然侧身扑打翅膀并收紧脚趾。它的喙保持张开，呼吸困难。"更可怜的是垂死的田鼠的沉默证词，"表现出一种典型的死亡态度。佝偻背部，前爪紧紧握住，靠近胸部……头部和颈部伸出，嘴里有污垢，表明这只垂死的动物曾咬过地面"。

如果我们默许对其他生物造成这种痛苦的行为，那我们当中就没有任何人有尊严可谈。

名师点评

运用描摹状貌的方式展现动物死亡的惨状，让读者心生同情。

阅读鉴赏

在这一章节里，作者讲述了用来消灭甲虫的杀虫剂给其他生物带来的巨大灾难。在行文中，作者列举了大量的事例，列出了许多数字，将动物受到的巨大影响展现在读者面前，使读者对杀虫剂造成的后果产生极为深刻的印象。而且，作者在文中还列举了自然控制这一无害的消灭甲虫的方式，和采用杀虫剂的方式形成鲜明对比，让人不禁对政府的某些行为产生疑问。

知识拓展

寄生性昆虫，是指一个时期或终生附着在寄主体内或体表，并以摄取寄主的营养物来维持生存的昆虫。绝大多数种类是幼虫期寄生生活，成虫期飞翔或活动寻觅寄主产卵。如夜蛾姬小蜂，幼虫寄生于粘虫体外。

考题链接

1.下列句子没有语病的一项是（　　）。

A.核心素养是个人终身发展和可持续发展的基础，是党和国家教育方针在新时期的具体体现。

B.为了保护环境，我们在农业中绝对不能使用任何杀虫剂。

C.校长、副校长和其他学校领导出席了这届毕业典礼。

D.通过对古典诗文的朗诵，让学生感受到了祖国语言文字的韵律美。

2.下列句子中加点成语使用不恰当的一项是（　　）。

A.观赏日出的人们，无不赞叹太阳升起时的巧夺天工。

B.中国文化源远流长，而且不断推陈出新，所以一直保持着旺盛的生命力。

C.我们坚信环境保护是一件需要仔细斟酌的事情，急功近利的做法违背了环保的原则。

D.走进故宫博物院，满目的雕梁画栋，仿佛向游人诉说着当年的繁华。

第八章　没有鸟儿歌唱

名师导读

如果清晨起床，窗外是一片寂静，走到森林中，也是一片寂静呢？作者给我们描述的这种景象是什么原因造成的呢？让我们来看一看吧。

在美国越来越多的大地上归鸟不再报春，曾经充满鸟儿歌声的清晨变得奇怪的寂静无声。这种突然的沉默意味着鸟儿带给我们的五彩缤纷和趣味盎然，已然被悄无声息地迅速抹去。

一位家庭主妇在伊利诺伊州欣斯代尔镇上绝望地写信给世界自然鸟类学家、美国自然历史博物馆名誉馆长罗伯特·库什曼·墨菲：

在我们村里，榆树已经喷了几年的杀虫剂（这封信写于1958年）。六年前，我们搬到这里时，这里有很多鸟类。我放了一个喂食器，整个冬天都有北美红雀、山雀、五子雀等飞来飞去，络绎不绝。夏天，北美红雀和山雀带来了它们的幼鸟。

经过这几年滴滴涕的喷洒，镇上几乎没有知更鸟和八哥了。山雀已经两年没有来到我的饲鸟架上了，今年北美红雀也走了。在邻居那里筑巢的鸟似乎只剩下一对鸽子，也许还有一窝猫鹊。

当孩子们在学校学到联邦法律是保护鸟类免受杀死或捕获时，很难向他们解释为什么鸟类都已经被杀死了。他们问："它们会回来吗？"我没有答案。榆树和鸟类仍然在死亡。有什么可以做的呢？我可以做什么？

在联邦政府为消灭火蚁发起大规模喷药计划的一年后，一位亚拉巴马州妇女写道："我们的这个地方是名副其实的鸟类保护区。去年7月，我们所有人都说过:'鸟比以往任何时候都多。'然后,突然之间,在8月的第二周,它们都消失了。我习惯于早起照顾我最喜欢的母马,它已经有了小马驹。没有鸟儿的歌声。这真是令人毛骨悚然。这些人对我们美丽的世界做了什么?终于,5个月后,才出现了一只蓝冠鸭和一只鹪鹩。"

在她提到的那个秋季,还有来自南方的其他令人沮丧的报告,这些报告来自密西西比州、路易斯安那州和亚拉巴马州。国家奥杜邦协会和美国鱼类与野生动物管理局每季度出版的《野外纪事》记录了触目惊心的鸟类"空白地带"。《野外纪事》是由经验丰富的观察员所写的报告汇编而成的,这些观察员在野外花费数年时间,并且掌握了该地区鸟类生活的丰富的知识。一位观察员报道说,秋天开车去密西西比州南部时,她发现"很长一段路上都没有鸟"。在巴吞鲁日的另一位观察员报道说,她喂鸟器里的鸟食"连续数周都未减少",而她院子里灌木的果实以往都已被鸟类吃光,但现在仍然浆果累累。还有一个报道说,他的落地窗外,"通常是一幅布满了40或50只北美红雀,并挤满了其他鸟儿的图画,现在却连一两只零星的小鸟也难看到"。西弗吉尼亚大学的莫里斯·布鲁克斯教授是阿帕拉契山脉地区鸟类研究的权威,他报告说,西弗吉尼亚鸟类的数量已经"惊人地减少"。

有一个故事可以作为鸟类悲剧命运的象征,这是众所周知的知更鸟的故事。对于数百万的美国人来说,当第一只知更鸟出现的时候意味着冬天的离开。报纸会报道它的到来,并被人们在早餐桌上热情相告。随着候鸟数量的增加和林地中出现的第一抹绿,成千上万的人听着知更鸟在清晨阳光中的第一声合唱。但是现在一切都变了,甚至连鸟类的归来都罕见了。

知更鸟以及其他鸟儿的生存似乎与美洲榆树息息相关。美洲榆树是从大西洋到落基山脉的数千个城镇历史的一部分,它雄伟的绿色拱门美化了街道、广场和大学校园。现在,榆树饱受疾病折磨,这种疾病十分严重,以至于许多专家认为,拯救榆树的一切努力最终都是徒劳的。失去榆树将是一起悲剧,但是如果我们为挽救它们而徒劳地努力,将绝大部分鸟类减少甚至于灭绝,那将是双重悲剧。但现在我们正遭受到这种威胁。

所谓的荷兰榆树病大约在1930年随着从欧洲进口的用于胶合板的榆树

木材进入美国。它是一种真菌类疾病。这种真菌会侵入树的输水管，通过树液流动真菌携带的孢子扩散开，其有毒的分泌物会让树枝阻塞枯萎，直到树木死亡。该病通过榆树皮甲虫从患病树木传播到健康树木上。昆虫从枯死的树皮下挖通道时被入侵的真菌孢子感染了，这些孢子附着在昆虫身上，被带到了它们飞到的任何地方。人类控制荷兰榆树病的努力主要针对控制携带真菌的昆虫。在一个接一个的城镇中，尤其是在整个美国榆树多的地方、中西部和新英格兰地区，密集喷药已成为常规程序。密歇根州立大学的两位鸟类学家乔治·华莱士教授和他的研究生约翰·梅纳的研究首先阐明了喷洒杀虫剂对鸟类尤其是知更鸟的影响。梅纳先生于1954年开始攻读博士学位时，他选择了一个与知更鸟种群有关的研究项目。这是偶然的，因为当时没有人觉得知更鸟处于危险之中。但是，在他从事这项研究工作时，发生了一些事件，这些事件改变了他课题的性质，甚至剥夺了他的研究对象。

1954年，密歇根州立大学在校园内开始少量喷洒防治荷兰榆树病的杀虫剂。第二年，大学所在的东兰辛市也加入了校园喷药的计划，包括对当地的吉卜赛蛾和蚊子的控制也正在进行中。化学药剂如雨水一般倾盆而下。

在1954年，即第一次进行喷洒的那一年，一切似乎都很好。第二年春天，迁徙的知更鸟像往常一样开始返回校园。就像汤姆·林森令人难忘的论文《失落的树林》中的风信子一样，它们重新占领熟悉的领土时"没想到会有厄运降临"。但是很快就出了点问题，死去的知更鸟开始出现在校园里。在正常的觅食活动中或在其通常的栖息地中知更鸟变得很少见。很少有鸟筑巢，也很少有幼鸟出现。随后的春天里，这种模式单调而有规律地重复着。喷药的区域已经变成一个致命的陷阱。大约每一个星期就会有一批迁徙的知更鸟被消灭，然后会有新的鸟儿到来，就像潮水一样。这些处于厄运中的鸟儿的数量不断增加，它们死亡前在校园里痛苦地颤抖着。

华莱士博士说："校园是大多数试图在春季定居的知更鸟的墓地。"起初，他怀疑是鸟儿的神经系统有某种疾病，但很快原因就变得很明显："尽管喷洒杀虫剂的人们保证他们的药剂对鸟类没有危害，但知更鸟真的死于杀虫剂中毒。它们表现出显而易见的中毒症状，随后出现颤抖、抽搐和死亡。"

有几个事实表明，知更鸟被毒害，与其说是与杀虫剂直接接触，不如说是由于食用了有毒的蚯蚓。在一个研究项目中，校园里的蚯蚓无意中被喂给了小龙虾，所有小龙虾很快死了。饲养在实验室笼子中的蛇在被喂食蚯蚓后开始剧烈颤抖，而蚯蚓是春季知更鸟的主要食物。

伊利诺伊州巴纳市自然历史博物馆的罗伊·巴克博士很快提供了这个关于知更鸟命运拼图中的一个关键部分。巴克博士于1958年发表的著作追溯了这一事件错综复杂的关系：知更鸟的命运通过蚯蚓与榆树相关联。树木在春季喷药（通常每50英尺高的树木喷洒2—5磅滴滴涕，相当于在榆树很多的地方每英亩喷洒23磅的滴滴涕），通常在7月又有一次为之前浓度一半左右的喷洒。强大的喷雾器将毒气分散到这些高大树木的所有部分。这不仅直接杀死了目标生物——树皮甲虫，还杀死了其他昆虫，包括授粉的昆虫以及掠食性蜘蛛和甲虫。杀虫剂在叶子和树皮上形成坚韧的黏着力极强的薄膜，雨不能将其冲走。在秋天，树叶掉到地面上，堆积成一层泥土，并开始缓慢地与土壤合为一体。在这种情况下，蚯蚓的辛勤劳动为其提供了帮助，因为落叶是它们最喜欢的食物之一。蚯蚓以叶子为食，吞下了杀虫剂，使杀虫剂在体内集中积累。巴克博士在蚯蚓的消化道、血管、神经和体壁内发现了滴滴涕的沉积物。毫无疑问，有些蚯蚓因为中毒就死了，但另一些幸存下来，成为毒药的"生物放大镜"。在春季，知更鸟的回归提供了循环中的另一个联系。11只大蚯蚓就可以将致命剂量的滴滴涕转移到知更鸟身上。而11条蚯蚓只占知更鸟一天食量的一小部分，知更鸟可以在几分钟之内吃掉10到12条蚯蚓。

并非所有知更鸟都会摄取到致死的剂量，但另一种后果也可以导致其致命的灭绝。不育的阴影笼罩在所有鸟类研究中，并且实际上已经扩大到包括潜在范围内的所有生物。现在，每年春天在整个密歇根州立大学185英亩的校园中只能发现二三十只知更鸟，相比之下，据保守估计，在喷洒前该地区有370只成鸟。1954年，梅纳观察下的每个知更鸟巢中都有幼鸟。到1957年6月底，梅纳只能找到一只，而在没喷药的几年里，他一般能找到370只（成年鸟数量的正常替代量）。1年后，华莱士博士报告说："1958年的春季或夏季，在任何时候我都没有在主校区的任何地方看到一只知更鸟幼鸟，到目前为止，我也找不到任何一个见过它的人。"

当然，没有找到幼鸟的部分原因是一对知更鸟中的一个或多个在筑巢前就死亡了。但是华莱士拥有大量记录，这些记录显示出更加严峻的内容——鸟类繁殖能力已被破坏。例如："知更鸟和其他鸟筑巢但不产卵，有卵但孵化不出小鸟的记录。我们有一个记录，称知更鸟在其卵上满怀信心地坐了21天，但没有孵化。正常的孵化期为13天……我们的分析显示，进行繁殖的鸟类的睾丸和卵巢中的滴滴涕浓度很高。"他在1960年告诉国会委员会："十只雄鸟睾丸中的滴滴涕含量为百万分之三十到百万分之一百零九，两只雌鸟卵巢的卵泡淋巴中分别为百万分之一百五十一和百万分之二百一十一。"

很快，其他领域的研究也发现了同样令人沮丧的状况。威斯康星大学的约瑟夫·希基教授和他的学生在对喷洒区域和未喷洒区域进行了仔细地比较研究后，发现知更鸟的死亡率至少为86%—88%。密歇根州布卢姆菲尔德希尔斯市的克兰布鲁克科学研究所，为了评估因喷洒榆树引起的鸟类损失的程度，于1956年要求将所有被认为是滴滴涕中毒受害者的鸟类标本上交研究所。该请求的反响超出了所有预期。几周之内，该研究所闲置的设施就达到了饱和，因此不得不拒绝其他标本。到1959年，已经上交或报告了来自一个城镇区的1000只中毒鸟类。尽管知更鸟是主要受害者，但在研究所检查的标本中包括了63种不同的种类。

因此，知更鸟只是与喷洒榆树有关的毁灭链中的一部分，尽管这个喷洒程序只是用化学药品覆盖我们土地的众多大量喷洒程序之一。在大约90种鸟类中，包括郊区居民和业余博物学家最熟悉的鸟类，都出现了高死亡率。在某些喷洒过农药的城镇中，筑巢鸟类的数量总体上减少了90%。正如我们将看到的，各种类型的鸟类都受到了影响——在地面觅食的鸟，在树梢觅食的鸟，在树皮上觅食的鸟，还有那些猛禽。

只能合理地假设所有严重依赖蚯蚓或其他土壤生物作为食物的鸟类和哺乳动物都遭受了和知更鸟一样的命运。大约45种鸟类的食物中包括蚯蚓，其中之一是山鹬。它们在南部地区越冬，最近那里喷洒了七氯。现在关于山鹬已经有两个重大发现。在新不伦瑞克繁殖场上的幼鸟产量明显减少了，经过分析，成年禽鸟体内含有大量的滴滴涕和七氯残留物。

已经有令人不安甚至震惊的死亡记录，其中有 20 多种在地面觅食的鸟类已被毒害，它们的食物包括蚯蚓、蚂蚁、昆虫幼虫或其他土壤生物。其中包括三种画眉——橄榄背鸟、鸫鸟和蜂雀，它们的歌声是鸟类中最精致悦耳的。在落叶飘落的丛林中，遍地的灌木丛中飞来飞去带着沙沙作响声音的麻雀、会唱歌的白额鸟，也成了榆树喷洒的受害者。

哺乳动物也很容易直接或间接地参与该循环。蚯蚓在浣熊的各种食物中很重要，在春季和秋季负鼠也以蚯蚓为食。在地下打洞的地鼠和鼹鼠一样，大量捕食蚯蚓，然后将毒物传递给像尖嘴鸣鸮和谷仓鸮这样的猛禽。春季一场大雨过后，在威斯康星州拾起了几只垂死的猫头鹰，也许是因为吃了中毒的蚯蚓而死。一些猛禽处于惊厥状态——有长角猫头鹰、尖嘴鸣鸮、红肩鹰、食雀鹰、沼地鹰等。这些情况可能是继发性中毒，这是由于进食了身体里积聚了杀虫剂的鸟类或小鼠而引起的。

榆树喷洒危害的不只是那些在地面上觅食的生物或它们的猎食者，还有那些从树叶上捕捉昆虫为食的鸟类。它们已经从大量喷洒杀虫剂的地区消失了，其中包括红冠和金冠的鹪鹩，小型的食虫鸣鸟和许多其他鸣鸟，它们曾在春天成群地穿过五彩缤纷的林间。1956 年晚春，推迟喷药的时间与大量鸣禽的迁徙浪潮相遇。这次行动几乎杀害了代表了该地区所有种类的鸣禽。在威斯康星州的怀特菲什湾，往年至少有 1000 只桃金娘莺在迁徙中出现。1958年在对榆树进行喷洒后，观察者只发现了 2 只。因此，加上其他城镇的数据，鸟类死亡的总数是惊人的，被喷雾杀死的鸣禽有迷人的黑白林莺、金翅雀、木兰林莺和 5 月蓬鸟，叫声在 5 月林中回荡的灶巢鸟，双翼上有火焰般色彩的黑林莺、栗色林莺、加拿大林莺和黑喉绿林莺。这些树梢的觅食者要么直接受到中毒昆虫的影响，要么因食物短缺而间接受到影响。

食物的损失也严重打击了飞过天空的燕子，它们像鲱鱼在大海中寻找浮游生物一样寻找昆虫。威斯康星州的一位博物学家报道："燕子遭受了重创。每个人都抱怨，与四五年前相比，它们的数量减少了。四年前，我们头顶上满是燕子飞翔。现在我们几乎看不到它们了……这可能是由于喷洒造成了它们食物的短缺或是食用了中毒的昆虫。"

这位观察员还写道："另一个惊人的损失是燕雀。不常见的蝇虎到处都是，但坚强的燕雀却不见了。我今年春天见过一次，去年春天见过一次。威斯康星州的其他观鸟者也有同样的抱怨。我过去养了五六对北美红雀，现在都没有了。鸫鹟、知更鸟、猫鹊和角鸮每年都在我们的花园里筑巢。现在也没有了。夏天的早晨没有鸟鸣。只剩下害鸟、鸽子、八哥和英国麻雀。这是一场悲剧，我无法忍受。"

秋季，定期在榆树上喷洒的杀虫剂进入树皮的每个小缝隙中，这可能是山雀、五子雀、啄木鸟和褐啄木鸟急剧减少的原因。在1957—1958年冬季，华莱士博士多年来没有在自己家里饲养站看到任何山雀或五子雀。他后来发现的三只五子雀，在它们身上看到了令人遗憾的事实：一只在榆树上觅食，另一只被发现死于典型的滴滴涕中毒。后来发现死去的五子雀尸体中的滴滴涕含量为百万分之二百二十六。

所有这些鸟类的摄食习惯不仅使它们特别容易受到化学喷雾的侵害，还会在经济领域和其他不易察觉的领域都带来危害。例如，白胸五子雀和棕色啄木鸟的夏季食品包括对树木有害的昆虫的卵、幼虫和成虫。山雀食物的大约四分之三是处于所有生长阶段的昆虫。本特在其具有纪念意义的《北美鸟类生活史》中描述了山雀的饲养方法："当鸟群来到树上，它会仔细检查树皮树梢和树枝，寻找细小的食物（蜘蛛的卵，茧或其他休眠的昆虫）。"

各种科学研究已经证实了鸟类在各种情况下对昆虫控制所起的关键作用。因此，啄木鸟是恩格曼云杉甲虫的主要天敌，将其种群数量从百分之四十五减少至百分之九十八，对于控制苹果园中的苹果蠹蛾也十分重要。山雀和其他冬季留下来的鸟可以保护果园免受尺蠖的侵袭。

但是自然界发生的事情在布满化学药物的现代世界中是不允许发生的，在这个世界中，喷药不仅杀死了昆虫，而且杀死了它们的主要敌人——鸟类。后来，昆虫种群再次兴起，这几乎是经常发生的情况，这些鸟儿的数量却难以恢复，昆虫的数量再次无法控制。作为密尔沃基的公共博物馆鸟类馆长的欧文·格罗姆写信给《密尔沃基日报》："昆虫的最大敌人是其他掠食性昆虫、鸟类和一些小型哺乳动物，但滴滴涕却不分青红皂白地杀死一切，包括自然界的警察……所谓的'进步'不是要我们成为我们自己邪恶昆虫控制手段的受害者，这个方法只能提供暂时的安逸，但后来却输给了要消灭的昆虫。当大自然的保护措施（鸟类）被毒药清除后，我们将以什么方式控制新的害虫，这些害虫会在榆树消失后攻击其余的树种。"

格罗姆先生报告说，自从威斯康星州开始喷药以来，有关死鸟和垂死鸟类的呼声和信件逐日增长。这些质问显示，鸟类死亡的地区是已经进行过喷药的地区。

在中西部的大多数研究中心，如密歇根州的克兰布鲁克研究所，伊利诺伊州自然历史调查所和威斯康星大学，鸟类学家和保护主义者分享了格罗姆先生的经验。几乎在进行喷药的任何地方浏览报纸的"读者来信"专栏，都可以清楚地看到一个事实，即人们不仅变得激怒和愤慨，而且他们通常比下达喷洒命令的官员更敏锐地理解到喷洒的危险性和矛盾之处。一位来自密尔沃基的女子写道："我担心即将到来的日子，许多美丽的鸟将死在我们的后院。""这是一种可悲的，令人心碎的经历……而且，令人沮丧和恼怒的是，因为它显然没有达到这次大屠杀的预期目的……从长远来看，可以不保存鸟类而单单保存树木吗？在大自然的有机体中，它们不是互相依存的吗？是否有可能在不破坏自然的前提下帮助自然平衡呢？"

榆树虽然雄伟，却只是雄伟的树木而已，不能成为"开放式"地毁灭其他生命形式的理由。威斯康星州的另一位女士写道："我一直喜欢榆树，这似乎是我们景观的标志。""但是树木很多……我们也必须拯救我们的鸟类。没人能想象没有美洲知更鸟的歌声的春天会多么冷清而沉闷。"

对公众来说，选择可能是显而易见的：我们要鸟还是要榆树？但这并非那么简单，而且关于整个化学控制的讽刺之一是，如果我们继续走现在的道路，那么我们很可能最终既用化学药物杀死了鸟类，又不能拯救榆树。通过喷药能够拯救榆树是一种危险的幻觉，它使一个个城镇接连陷入高昂的费用，而不会产生持久的结果。康涅狄格州格林威治定期喷药10年。随后的干旱年份给甲虫带来了特别有利的条件，榆树的死亡率上升了1000%。在伊利诺伊大学所在的厄巴纳，荷兰榆树病于1951年首次出现。1953年进行了喷洒。到1959年，尽管进行了6年喷洒，大学校园还是失去了百分之八十六的榆树，其中一半是荷兰榆树病的受害者。在俄亥俄州的托莱多，类似的经历使林业部主管约瑟夫·A.斯威尼对喷洒的结果进行了实际的观察。喷洒工作始于1953年，一直持续到1959年。然而，斯威尼先生注意到，"书本和权威们"建议的喷洒进行后，在全市范围内，棉枫鳞癣病比以前更加严重了。他决定亲自检查用喷药这种方法防治荷兰榆树病的结果。结果令他震惊。在托莱多市，他发现，"任何病情受到控制的地区都是我们迅速采取措施清除病树或种树的地区。我们依靠喷药的地方却无法控制。在没有采取任何行动的地方，这种疾病的传播速度反而没有像托莱多市那么快。这表明喷洒消灭了所有这种疾病的天敌。""我们正在放弃用喷洒化学药物来治理荷兰榆树病。这使我与支持美国农业部建议的人们发生冲突，但我有事实依据，并将坚持下去。"

很难理解为什么榆树病只是在最近才传播到这些中西部城镇，为什么人们等不及询问其他用较长时间认识该问题的地区，却如此毫无顾忌地开始野心勃勃且昂贵的喷洒计划。例如，纽约州当然具有最长的持续对抗荷兰榆树病的历史，因为患病的榆木是在1930年左右通过纽约港进入美国的。今天，纽约州在遏制和抑制这种疾病方面有着令人印象深刻的记录。但是它并没有依靠喷洒化学药物。实际上，纽约州的农业推广服务部门也不建议使用喷洒药物作为城镇控制荷兰榆树病的方法。

那么，纽约州是如何取得良好成绩的呢？从为榆树而战的初期到现在，纽约州一直依靠严格的卫生措施，就是迅速清除和销毁所有患病或受感染的树木。在开始时，结果令人失望，但这是因为起初人们并不了解不仅必须毁掉患病的树木，而且必须销毁所有可能繁殖甲虫的榆木。被砍伐并储存为柴火的榆木，除非在春季之前燃烧，否则将释放出一批携带真菌的甲虫。从冬眠中苏醒，然后在4月下旬和5月下旬觅食的成年甲虫会传播荷兰榆树病。纽约的昆虫学家从经验中了解到哪些甲虫产过卵的木材对传播这一疾病才具有真正的重要性。通过专注于处理这种危险木材，不仅可以获得良好的结果，而且可以将卫生计划的成本保持在合理的范围内。到 1950 年，纽约市荷兰榆树病的发病率已降低到该市 5.5 万株榆树的百分之零点二。1942 年，在威彻斯特县发起了一项卫生计划。在接下来的 14 年中，榆树的年平均损失仅为每年 0.2%。布法罗的榆树有 18.5 万棵，在通过卫生措施控制这种疾病方面有着出色的记录，最近每年的损失仅占百分之零点三。换句话说，以这种损失速度消灭布法罗的榆树大约需要 300 年。

锡拉库扎发生的一切特别令人印象深刻。1957 年之前，没有有效的计划在进行。1951—1956 年，锡拉库扎失去了近 3000 棵榆树。然后，在纽约州立大学林学院的霍华德·米勒的指导下，此地进行了深入的工作，以清除所有患病的榆树和所有的可能有甲虫在上面繁殖的榆木。现在的损失率远远低于每年 1%。

纽约州荷兰榆树疾病控制专家强调了这种方法的经济性。纽约州农学院的 J.G. 玛瑟席说："在大多数情况下，与可能的花费相比，实际支出很少。""为了防止可能的财产损失或人身伤害，如果是已死的或受害的树枝，必须尽快将其移走。如果是柴堆，则应该在春季之前使用掉，可以将树皮从木头上剥下来，或者将木头存放在干燥的地方。如果是垂死的榆树或死树，为防止荷兰榆树病蔓延而迅速将其清除的费用通常不超过以后需要的费用，因为城市地区的大多数枯树最终必须被清除。"

因此，只要采取明智的措施，治理荷兰榆树病是有希望的。尽管无法通过现在已知的任何方法根除它，但是一旦它在城镇中出现，就可以通过卫生措施将其抑制在合理的范围内，而无须使用不仅徒劳无益而且会严重损害鸟类生命的方法。森林遗传学领域还存在其他可能性，在那里，实验为开发抗荷兰榆树病的杂交榆树提供了希望。欧洲榆树具有很高的抵抗力，许多这样的榆树已在华盛顿特区种植。即使在该城市曾有很高比例的榆树受到病情影响，但这些欧洲榆树中也没有发现荷兰榆树病的病例。

在失去大量榆树的村镇中，急需通过紧急的苗圃和林业计划进行补植。这很重要，尽管这样的计划里很可能已经包括抗病力强的欧洲榆树了，但这些计划应尽量保证树木的多样性，这样即便发生树木的流行病也不会夺走城镇的所有树木。健康的动植物群落的关键在于英国生态学家查尔斯·埃尔顿所说的"物种多样性保护"。现在发生的事情很大程度上是由于前几代人对生物学的不成熟认识。甚至在一代人之前，没人知道用一种树种填满大片土地会带来灾难。因此，整个城镇都在街道两旁把榆树排成一排，并在公园中点缀着榆树，如今榆树死了，鸟类也死了。

　　像北美知更鸟一样，另一种美国鸟类似乎也濒临灭绝。这是美国的象征——美洲鹰。在过去的 10 年中，其数量急剧减少。事实表明，某种事物正在美洲鹰的生存环境中起作用，破坏了它的繁殖能力。这到底是什么可能还不清楚，但是有证据表明杀虫剂是有责任的。在北美，从坦帕到佛罗里达州西海岸迈尔斯堡海岸筑巢的美洲鹰被研究得最为深入。温尼伯的一位退休银行家查尔斯·布罗利在 1939 年至 1949 年间，通过标记 1000 多只美洲鹰的幼鸟而享誉鸟类学界。（在这之前早期的鸟类标记历史中，只有 166 只美洲鹰被标记过）布罗利先生在冬天美洲鹰离开巢穴之前的几个月就把幼鸟标记了。后来通过这些带标记的鸟儿发现，这些佛罗里达出生的美洲鹰沿海岸向北飞到加拿大，直至爱德华王子岛，尽管它们以前被认为是非迁徙性的。在秋天，它们返回南方，在宾夕法尼亚州东部的霍克山等著名的有利位置可以观察到它们的迁徙。

　　在标记美洲鹰的初期，布罗利先生每年在他观察的海岸发现 125 个有鸟巢。每年带标记的幼鹰的数量约为 150 个。1947 年，幼鹰的出生数量开始下降。有些巢没有卵。其他的则包含未能孵化的卵。在 1952 年至 1957 年之间，大约 80% 的巢穴里未能繁殖出幼鹰。在此期间的最后 1 年中，只有 43 个巢穴里有鹰。其中有 7 个巢里面有幼鸟（8 只小鹰）；23 个巢里有未孵化的蛋；13 个巢被成年鹰占用，没有任何鸟蛋。1958 年，布罗利先生在超过 100 英里的海岸上搜寻并标记了 1 只小鹰。成年鹰在 1957 年还出现在 43 个巢穴中，现在却非常罕有，他只在 10 个巢穴中观察到它们。

　　尽管布罗利先生于 1959 年去世，这一系列有价值的观察工作终断了，但佛罗里达奥杜邦协会以及新泽西州和宾夕法尼亚州的报告证实了这一趋势，这很可能使我们有必要寻找新的国徽。霍克山保护区管理者莫里斯·布劳恩的报道尤为重要。霍克山是宾夕法尼亚州东南部风景如画的山，在这里，阿巴拉契亚山脉最东端的山脊是对抗西风的最后一道屏障，然后西风才延伸到沿海平原。吹向山脉的风向上偏转，因此在秋天的许多日子里，连续不断的上升气流使阔翅鹰和美洲鹰毫不费力地翱翔，一天就可以向南迁移许多英里。在霍克山，山脊在此汇聚，空中航道也汇聚在一起。结果是，鸟类都穿过这个交通繁忙的瓶颈似的通道从广阔的领土飞向北方。

莫里斯·布劳恩在这里担任禁猎区的负责人已有数十年之久，他观察和记录的美洲鹰比其他任何一个美国人都多。美洲鹰迁徙的高峰期是在 8 月下旬和 9 月初。它们被认为是佛罗里达的鸟类，在北部的夏季过后返回家园。（在秋季和初冬以后，一些较大的鹰飞过。它们被认为属于北部种族，飞向一个未知的越冬地）在禁猎区建立后的头几年，即 1935 年至 1939 年，布劳恩观察到的美洲鹰中有百分之四十是 1 岁大的鹰，这很容易通过其统一的深色羽毛来识别。但是近年来，幼鸟已变得稀有。在 1955 年至 1959 年之间，它们只占鹰群总数的百分之二十，并且在 1957 年这一年中，每 32 只成年鹰中只有 1 只幼鹰。

在霍克山的观察结果与其他地方的发现一致。其中一份报告来自伊利诺伊州自然资源委员会的官员埃尔顿·福克斯。在北部筑巢的美洲鹰在密西西比河和伊利诺伊河沿岸过冬。1958 年，福克斯先生报告说，最近的 59 只中鹰只有 1 只幼鹰。种族灭绝的类似迹象也来自世界上唯一的雄鹰禁猎区——萨斯奎汉纳河上的约翰逊山。该岛虽然距离科诺温戈大坝仅 8 英里，距兰开斯特县海岸约半英里，但仍保留了原始的野性。自 1934 年以来，兰开斯特的鸟类学家和禁猎区的赫伯特·贝克教授一直在观察它的一个鹰巢。在 1935 年至 1947 年之间，鹰巢被占用且用于繁殖的情况是非常普遍的且成功率较高。自 1947 年以来，尽管成年鸟已占领巢穴，并且有产卵的证据，但仍未生产出幼鹰。

然后，在约翰逊山岛和佛罗里达州，情况普遍存在——成年鸟居住在一些巢里，产了一些卵，但幼鸟很少能出生。似乎只有一种原因能解释所有事实。这是由于某些环境因素使鸟类的繁殖能力大大降低，以至于现在几乎没有每年增加的幼鸟来维持种群了。

美国鱼类和野生动植物管理局的詹姆斯·德威特博士发现，这种情况正是人为造成的。德威特博士通过一系列经典的实验来观察杀虫剂对鹌鹑和野鸡的影响，并确定了这样一个事实：即使没有对母鸟造成明显的伤害，但接触滴滴涕或相关化学药物仍可能严重影响鸟类繁殖。发挥效用的方式可能会有所不同，但最终结果异曲同工。例如，在整个繁殖季节摄入了滴滴涕的鹌鹑得以幸存，甚至生产出正常数量的可育卵，但是很少有卵孵化出来的。德威特博士说："许多胚胎在孵化初期似乎正常发育，但是在孵化期就死去。"在孵化的胚胎中，有一半以上在 5 天内死亡。在其他以野鸡和鹌鹑为对象的试验中，如果一年四季都被饲喂受杀虫剂污染的食物，成鸟都不产卵。在加利福尼亚大学，罗伯特·鲁德博士和理查德·吉尼尔博士也报告了类似的发现。当这些野鸡通过饲料摄入狄氏剂时，"蛋的产量显著降低，雏鸡的生存能力也很差。"据这些作者称，蛋黄中储存的狄氏剂在孵化过程中和孵化后逐渐被吸收，这对幼鸟产生的影响虽然不是立竿见影，但却足以致死。

华莱士博士和研究生理查德·F.伯纳德最近的研究给予了这一说法有力的支持，他们在密歇根州立大学校园的北美知更鸟中发现了高浓度的滴滴涕。他们在北美知更鸟的睾丸，发育中的卵泡，卵巢，未孵化的成卵，输卵管，废弃的巢中未孵化的卵，卵中的胚胎以及在刚孵出的死雏中都发现了滴滴涕。

这些重要的研究证实了这样一个事实，即生物脱离了与杀虫剂的最初接触以后，杀虫剂还是会影响下一代。实际上，杀虫剂贮存在蛋里，贮存在为蛋提供滋养的蛋黄中，正是导致死亡的真正原因，它解释了为什么如此多的鸟在还是蛋的时候或孵化几天后就会死亡。

这些研究应用在对鹰的实验上时，人们几乎遇到了无法克服的困难，但是现在在佛罗里达州、新泽西州和其他地区正在进行实地研究，以期获得确切的证据来证明造成大多数鹰种群明显不育的原因。同时，现有的间接证据都将原因指向杀虫剂。在鱼类丰富的地方，它们占了鹰类食物的很大一部分（阿拉斯加约占百分之六十五，切萨皮克湾地区约占百分之五十二）。毫无疑问，布罗利先生长期研究的鹰主要是以鱼为食。自 1945 年以来，该特定沿海地区已反复使用溶解在燃油中的滴滴涕进行喷洒。空中喷洒的主要目标是防治盐沼蚊，沼蚊栖息在沼泽和沿海地区，这些地区是鹰的重要觅食区。鱼和蟹被大量杀害。实验室对它们的组织进行分析后发现，滴滴涕的浓度很高，高达百万分之四十六。就像克雷尔湖的格里布斯水鸟一样，由于食用了湖中的鱼而积累了高浓度的杀虫剂残留物。几乎可以肯定鹰类会将滴滴涕储存在它们的身体组织中。像鹧鸪、野鸡、鹌鹑和北美知更鸟一样，它们越来越多地失去了繁殖能力。

现代社会中，鸟类面临危险的事实在世界各地层出不穷。这些报告在细节上有所不同，但使用杀虫剂杀死野生动物这一主题总是被重复着。例如，在法国，葡萄树树桩被用含砷的除草剂处理后，数百只小鸟和鹧鸪死亡了；以鸟类数量繁多而闻名的比利时，在用化学药物喷洒附近农田后，那里众多的鹧鸪遭了殃。

在英格兰，主要的问题似乎有些特殊，这与播种前用杀虫剂处理种子这种日益增长的做法有关。处理种子并不是鲜见，但是在较早的几年中，主要使用的化学药物是杀菌剂。似乎没有发现它对鸟类的影响。大约在 1956 年，一种两用方法代替了老办法。除杀菌剂外，人们还添加了狄氏剂、艾氏剂或七氯来对付土壤昆虫。于是情况变得更糟了。

1960 年春季，英国野生生物管理部门（包括英国鸟类学会信托基金会、皇家鸟类保护协会和野生鸟类协会）报告了大量的鸟类的死亡事件。诺福克郡的一位土地所有者写道："这个地方就像战场一样。""我的饲养员发现了无数的尸体，包括成群的小鸟——鹀雀、绿莺雀、红雀、篱雀，还有家雀……对野生动物的毁灭非常可鄙。"一位猎场管理员写道："我的松鸡被处理过的玉米杀死了，还有一些野鸡和所有其他鸟，数百只鸟都被杀死了……作为终生的猎场管理员，这对我来说真是令人难过的经历。看到成对的松鸡一起死亡是十分不幸的。"

在一份联合报告中，英国鸟类学基金会和皇家鸟类保护协会描述了约 67 例鸟类死亡事件，这与 1960 年春季发生的鸟类死亡的完整记录相去甚远。其中 67 例中的 59 例是因为食用化学药物处理过的种子，8 例是因为喷洒有毒化学药物导致的。

次年使用化学药物的趋势愈烈。英国上议院报告说，诺福克郡的一个庄园有 600 只鸟死亡，北艾塞克斯郡的一个农场有 100 只野鸡死亡。人们很快就发现，与 1960 年相比，死亡事件涉及更多郡县。林肯郡是农业大郡，遭受的损失似乎最大，据报道有 1 万只禽鸟死亡。但是毁灭涉及整个英格兰农业，从北部的安格斯到南部的康沃尔，从西部的安格尔西到东部的诺福克。

1961 年春季，人们对问题的关注达到了顶峰，英国下议院一个专门委员会对此事进行了调查，听取了农民、土地所有者、农业部以及有关政府和非政府机构的代表有关野生动物死亡的证词。

一位目击者说："鸽子突然从天上掉下来，死了。"另一位报道说："你可以在伦敦以外开车一两百英里，却看不到 1 只茶隼。"自然保护协会的官员作证说："在本世纪，或者据我所知，在任何时候，这都是本国有史以来对野生动植物的最大伤害。"

对受害的鸟类进行化学分析的设备远远不足以完成这项任务，该国只有两名化学家能够进行测试（一名供职于政府部门，另一名供职于皇家鸟类保护协会）。目击者描述了焚烧鸟儿的尸体的熊熊篝火。但是，人们仍然努力收集尸体进行检查，被分析的鸟类尸体中，除 1 只以外的所有尸体中都残留着杀虫剂。唯一的例外是狙击鹬，它不是吃种子的鸟。

狐狸和鸟类一样，也受到了影响，可能是因为吃了中毒的老鼠或鸟类而间接受到了影响。受兔子困扰的英格兰非常需要狐狸作为捕食者。但是在 1959 年 11 月至 1960 年 4 月之间，至少有 1300 只狐狸死了。麻雀、食雀鹰、茶隼和其他猛禽消失得最多的地方，狐狸死得最多。这表明化学药物正在整个食物链中传播，从吃种子的动物传播到有毛和有羽毛的食肉动物。濒死的狐狸在惊厥而死之前，人们看到它们绕着圈子徘徊，神志不清，眼神模糊，这就是氯化烃杀虫剂中毒的动物的样子。

这个委员会说，对野生动植物的威胁是"最令人震惊的"。因此，它向下议院建议："农业部长和苏格兰事务大臣应立即禁止将含有狄氏剂、艾氏剂或七氯的化合物或毒性相当的其他化学物质用作拌种剂。"该委员会还建议采取更充分的控制措施，确保在投放市场之前，已在野外以及实验室条件下对化学药品进行了充分的测试。值得强调的是，这是各地杀虫剂研究的一大空白。制造商对常见实验动物（老鼠、狗、豚鼠）的测试不包括野生物种，通常没有鸟类，没有鱼类，并且是在受控和人工条件下进行的。它们在野外对野生动植物的影响并不精确。

英国绝不是唯一一个面临保护鸟类免受种子侵害的国家。在美国，这个问题在加利福尼亚和南方的水稻种植区最为棘手。多年以来，加利福尼亚的稻米种植者一直在用滴滴涕处理种子，以防治鲨虫和清道夫甲虫（它们有时会损坏秧苗）。由于水禽和野鸡在稻田中聚集，加利福尼亚州人在此享受狩猎的乐趣。但是在过去的 10 年中，种植水稻的县不断报告着鸟类的死亡事件，特别是野鸡、鸭子和燕八哥。一位观察家说，"野鸡病"成为一种众所周知的现象：鸟类"寻找水，变得麻痹，在沟渠中和稻田梗上颤抖"。"病"发生在春天，当时是稻田播种的时候。所用滴滴涕的浓度是杀死成年野鸡的浓度的许多倍。

时间的流逝和更多有毒杀虫剂的开发，都增加了处理过的种子的危害性。艾氏剂对野鸡的毒性是滴滴涕的 100 倍，现在已广泛用作种子的包衣。在得克萨斯州东部的稻田中，这种做法严重减少了著名的树鸭（墨西哥湾沿岸的黄褐色鹅状鸭）的种群数量。确实，有理由相信，已经找到大量消灭燕八哥方法的稻农，除了用于杀死害虫，正在将杀虫剂用于毁灭稻田里的其他鸟类。

随着杀戮成为一种习惯，对可能给我们带来烦恼的动物采取扑杀的手段已经成为常态。这导致鸟类变成使用化学药物进行扑杀的直接目标，而非只是受到间接影响。在空中应用杀虫剂——对硫磷之类的致命毒物来"控制"农民认为有害的禽类的做法变得越来越普遍。鱼类和野生动植物管理局发现有必要密切关注这一趋势，并指出："对使用过对硫磷的地区，人类、家畜和野生生物都可能存在潜在危险。"例如，在印第安纳州南部，一群农民在 1959 年夏天，一起使用一架喷药飞机，用对硫磷喷洒了河岸的洼地。该地区是成千上万的燕八哥的栖息地点，这些燕八哥在附近的玉米田里觅食，对玉米产量造成了影响。解决这个问题的方法很容易，只要将农作物种植方法稍做改动就可以：改种芒长的麦种，让鸟儿无法接近，但农民被用化学药物进行杀戮的优点说服了，于是他们就派飞机去执行死亡任务。

结果可能令农民感到满意，因为死亡名单上有大约 6.5 万只红翅八哥和燕八哥。尚不清楚是否有其他野生动植物的死亡引起了人们的注意和记录。对硫磷不是专门针对燕八哥的，它是一种广谱毒药。其实，也有兔子、浣熊或负鼠可能在那些低地中漫游，它们也许从来没有去过农民的玉米地，却被既不知道它们的存在也不关心它们死活的人们判了死刑。

那人类呢？在加利福尼亚的果园中也喷洒了对硫磷，1 个月后，接触过喷洒过的树叶的工人病倒了，他们接受了精心的医疗救助后才逃脱了死亡。印第安纳州是否也有一些在树林或田野中漫游甚至可能到河边探险的男孩？如果是这样，谁在守护被化学药物污染的地区，阻止任何可能进入其中游玩的人？谁会保持警惕地告诉无辜的游人他将要进入的田地是致命的——这里的所有植被都覆盖着致死的薄膜。然而，农民却漠然视之，冒着如此可怕的风险，对燕八哥发动了不必要的"战争"。

每当发生这种情况，人们都回避着不去思考以下问题：谁做出了使用这些药物的决定，这种不断扩大的死亡浪潮蔓延开来，就像卵石掉入一个平静池塘时不断扩散的涟漪一样？谁将一些可能被甲虫吃掉的叶子放在天平一边，另一边却把许多可怜的各色羽毛堆放了起来，那是在广谱杀虫剂的大棒下死去的鸟儿的遗骸？谁曾为无数无知的人们决定，没有昆虫的世界才是最有价值的，即使它因为萎靡不振的鸟翼而变得黯然？这些决定是由暂时被赋予权力的当权者做出的。在民众还没有察觉的瞬间，他们使之成为现实。美丽和有序的自然世界对千百万人来说仍然具有深远而迫切的意义。

扫码领取
- 写作良方
- 知识汇总
- 好词佳句
- 名著音频

第九章　死亡之河

名师导读

河流是大地的血脉，是鱼类生活的天堂，是生命之河。可是，当大量的杀虫剂进入河流，会造成什么后果呢？我们来看一看作者给我们描述的画面吧。

名师点评

强调时间之长。

大西洋有许多小路从海上的绿色深处通向海岸，它们是鱼的路。尽管看不见且无形，但它们与沿海河流的水流有关。几千年来，鲑鱼知道并沿着这些淡水的路线返回河流，每条鲑鱼都回到了它生命里最初几个月或几年所生活的支流。因此，在1953年夏季和秋季，位于新不伦瑞克省海岸的名为米拉米奇河的鲑鱼从遥远的大西洋觅食地迁入，并逆游回了它们出生的河。河流的上游，在汇聚成阴影状的溪流网中，鲑鱼于秋天将卵产在砾石层上，寒冷的溪流水在这些砾石层上迅速地流动。这些地方是由云杉、香脂树、铁杉和松树组成的针叶林，是鲑鱼生存所必需的产卵场。

这是一种不断重复的古老模式，这种模式使米拉米奇河成为北美最好的鲑鱼栖息地之一。但是那一年，这种模式被打破了。

在秋冬季节，肥大而有厚壳的鲑鱼卵躺在砾石填充的浅槽中，这些浅槽是母鱼在河底挖出来的。在寒冷冬

名师点评

"但是"表示转折，"那一年"和前文形成鲜明对比，说明了改变的突然。

天里，它们像以前一样缓慢生长，直到春天森林中的溪流融化了，幼鱼才孵出。最初，它们是一条条约半英寸长的小鱼，藏在河床的鹅卵石中间。它们不吃东西，住在卵黄囊中。直到卵黄被吸收后，它们才开始在溪流中寻找小昆虫吃。1954年春天，在米拉米奇河里既有刚孵出的鲑鱼，也有一岁或两岁的鲑鱼，它们身披鲜艳的外衣，上面点缀着金色条纹和鲜红色的斑点。这些幼鱼疯狂地觅食，寻找溪流中各式各样的奇特昆虫。

随着夏天的来临，这一切都改变了。那年，米拉米奇河西北的部分地区被纳入加拿大政府上一年开始的一项大规模喷洒计划中，该计划旨在保护森林免受云杉蚜虫的侵害。蚜虫是一种本地昆虫，会攻击几种常绿植物。在加拿大东部，似乎每隔35年蚜虫就会泛滥成灾。20世纪50年代初，蚜虫的数量激增。为了与之抗争，人们开始小规模地喷洒滴滴涕，然后在1953年突然加快了喷洒频率。数以百万英亩计的森林被喷洒，而不是像以前那样只喷洒几千英亩，以拯救为制浆和造纸工业提供原料的香脂树。

因此，在1954年6月，撒药的飞机拜访了米拉米奇河西北部的森林，白雾弥漫标志着他们纵横交错的飞行轨迹。喷雾剂（在溶液中滴加了半磅的滴滴涕，施加到每英亩中）从香脂树林中渗落，其中一些到达地面和溪流中。飞行员只考虑飞行的任务，在飞行时他们不会尽量避开水流或在水流上空关闭喷嘴。但是即使在最轻微的空气流动下，喷雾也会飘移得很远，所以即便他们有意避开，结果可能也没有什么不同。

喷洒结束后不久，就出现了明显的不良迹象。在两天内，溪流沿岸就出现了已经死亡和垂死的鱼，其中包

名师点评

运用摹状貌的方法，描写出了鲑鱼的外形特点。

思考探究

计划是美好的，实际效果会如何呢？我们在实际生活中有没有计划和实际结果不符的情况？

名师点评

将喷洒时的实际情况展现出来，说明结果无法改变。

名师点评

说明杀虫剂产生作用很快。

括许多幼小鲑鱼，死鱼中也出现了鳟鱼。沿着道路和树林，鸟类也正在死去。和溪流有关的所有生命都沉寂[①]了。在喷洒之前，有各种各样的水生生物供鲑鱼和鳟鱼食用，如飞蛴螬的幼虫，它们生活在由叶、茎或砾石与唾液粘黏在一起的松散而舒适的保护体中；石蝇若虫附着在旋涡中的岩石上；蠕虫状的粉虱幼虫分布在急流中的石头边上或溪流溢流的陡峭的岩石上。但是现在溪流中的昆虫已经被滴滴涕杀死，没有什么可以让幼鲑鱼吃了。

在如此充满死亡和毁灭的景象中，很难指望幼小的鲑鱼自己逃脱，而它们也没有这样做。到了 8 月，春天里从砾石床上游出来的幼小鲑鱼没有 1 个能活下来。整整 1 年的产卵徒劳无功[②]。那些早 1 年或更早孵化的大一点的幼鱼，情况稍好一些。1953 年，随着飞机的来临，在溪流里觅食的幼鱼中，每 6 只中只有 1 只存活下来。1952 年孵化的准备出海的幼鲑中，三分之一的鲑鱼死去了。

这是众所周知的事实，因为加拿大渔业研究委员会自 1950 年以来一直在米拉米奇河西北部进行鲑鱼研究。每年，他们都会对这条河中的鱼类进行普查。生物学家记录了成年鲑的产卵数量，河中每个年龄组的幼鱼数量，鲑鱼以及栖息在河中的其他鱼类的正常种群数量。有了喷洒前的完整记录，就有可能以在其他地方难以达到的精度来计算喷洒造成的损失。

调查显示，死亡的幼鱼还有很多，它揭示了河流本身的严重变化。现在，反复喷洒已完全改变了溪流环

名师点评

指出数据的来源，增强文章的说服力。

① 沉寂：十分安静。
② 徒劳无功：白白付出劳动而没有成效。

境，鲑鱼和鳟鱼的食物——水生昆虫——已被杀死。对于大多数此类昆虫而言，即使是一次喷洒，也需要大量的时间才能积累到足够的数量来支撑正常的鲑鱼种群——时间以年而不是以月为单位。

较小的物种，例如蚊蚋、黑飞虫，很快就得以恢复。这是出生才几个月的鲑鱼苗的食物。但是，鲑鱼在第二年和第三年的成长所依赖的大型水生昆虫并没有得到如此迅速的恢复。这些昆虫是蜉蝣、石蝇和浮游的幼虫。即使在滴滴涕进入河流的第二年，觅食的鲑鱼也很难找到除偶尔出现的小石蝇以外的任何食物。为了给鲑鱼提供天然食物，加拿大人试图将蜉蝣幼虫和其他昆虫引入米拉米奇河的这片贫瘠①地区。但是，任何重复喷洒都会清除掉它们。

事实证明，蚜虫的数量没有减少，反而变得更多。从 1955 年到 1957 年，在新不伦瑞克省和魁北克省的不同地区进行了重复喷洒，有些地方喷洒了 3 遍。到 1957 年已喷洒了近 1500 万英亩土地。尽管当时暂时停止了喷洒，但由于虫子的急剧繁殖导致在 1960 年和 1961 年又恢复了频繁的喷洒。确实，没有任何地方有证据表明化学喷洒控制虫子不是权宜之计②（旨在保护树木免于连续数年脱叶导致的死亡），因此随着喷洒的持续进行，其副作用将继续存在。为了尽量减少对鱼类的破坏，加拿大渔业官员根据渔业研究委员会的建议，将滴滴涕的浓度从以前的 0.5 磅降低到 0.25 磅每英亩（在美国，仍然普遍使用每英亩 1 磅的高致命性标准）。现在，在观察了喷洒效果的几年之后，加拿大人发现了十分复杂的情

---

① 贫瘠：土地不肥沃。
② 权宜之计：指为了应付某种情况而暂时采取的办法。

名师点评

直接揭示喷洒造成的严重灾难，也说明了恢复时间之长。

名师点评

直接指出喷洒的效果，让读者印象深刻。

况，其中之一就是持续喷洒会让鲑鱼渔业从业者十分不安。

迄今① 为止，一种非常不寻常的情况使米拉米奇河西北部免遭预期的破坏，这是一个可能在百年内都不会再发生的事。重要的是要了解那里发生的事情以及发生的原因。

如我们所知，在1954年，米拉米奇河流域被大量喷洒。此后，除了在1956年喷洒了一个狭窄地带以外，该分支的整个上部流域都被排除在喷洒程序之外。<u>1954年秋天，一场热带风暴改变了米拉米奇河鲑鱼的命运。</u>埃德纳飓风是到达了北向路径尽头的猛烈风暴，给新英格兰和加拿大海岸带来了暴雨。由此产生的洪流将淡水带到远方，并吸引了数量异常多的鲑鱼。结果，鲑鱼寻找到这一产卵的溪流，砾石河床上便有了异常多的卵。1955年春天，米拉米奇河西北部对于幼小鲑鱼来说，是理想的孵化场。虽然滴滴涕在1年前杀死了所有的水生昆虫，但最小的昆虫——蚊蚋和黑飞虫的数量已经大量恢复，这些是幼小鲑鱼的日常食物。那年的鲑鱼苗不仅找到了丰富的食物，而且它们的竞争对手也很少。这是因为早年的幼鲑在1954年被喷洒杀死了。因此，1955年的鱼苗生长非常快，并且存活数量惊人。它们迅速完成了在溪流中的成长，并提早出海。许多鲑鱼于1959年返回本地溪流，并生产出大量的幼鲑。

<u>米拉米奇河西北部的情况仍相对良好，这是因为喷洒仅在一年内完成。在该流域的其他溪流中可以清楚地看到重复喷洒的后果，那里鲑鱼种群的数量惊人地减少。</u>

---

① 迄今：至今；到现在。

思考探究

想一想，如果没有这场热带风暴会怎么样？我们应该寄希望于大自然的威力吗？

名师点评

运用对比，说明喷洒对鲑鱼的重大影响。

在所有经喷洒的溪流中，各种大小的幼鲑都很少。生物学家报告说，最小的鲑鱼其实已经被"灭绝"。米拉米奇河西南的主要地区，于 1956 年和 1957 年有过喷洒，1959 年的鲑鱼捕获量是十年来最低的。渔民议论了幼年鲑鱼——洄游鱼类中最年轻的种群——的极度稀缺这一现状。在米拉米奇河口的采样中，1959 年的幼年鲑鱼数量仅为前一年的四分之一。1959 年，整个米拉米奇河流域仅产生了约 60 万尾初次由溪流入海的幼小鲑鱼。这数量还不到前三年的三分之一。

在这样的背景下，新不伦瑞克省鲑鱼捕捞的未来很可能取决于寻找替代品来代替滴滴涕撒入森林。

除了森林喷洒的面积和已收集的大量事实以外，加拿大东部的情况并非唯一。缅因州也有云杉和香脂树森林，以及控制森林昆虫的问题。缅因州也有鲑鱼洄游，这是过去大量洄游的遗留，这是生物学家和保护主义者在工业污染和原木阻塞的溪流中为挽救一些鲑鱼栖息地而艰难争取到的。尽管已尝试使用喷洒作为对抗无处不在的蚜虫的武器，但受影响的区域相对较小，并且迄今为止尚未包括鲑鱼的重要产卵水域。但是，缅因州内陆渔类与野生动物管理局观察到的河鱼事件，可能预示了即将发生的事情。

该局报告说："在 1958 年喷洒后不久，大戈达德河出现了大量濒死的吸口鱼。这些鱼表现出滴滴涕中毒的典型症状。它们游动不规律，在水面喘着气，表现出震颤和痉挛。喷洒后的前五天，人们从两个渔网中收集了 668 个死吸口鱼。小戈达德河、卡里河、阿尔德河和布莱克河里也有大量的鲤鱼和吸口鱼死去。经常有虚弱垂死的鱼在河流下游被动地漂浮着。有时，在喷洒后

名师点评

用具体的数字，说明喷洒对鲑鱼的影响极大。

名师点评

说明出现问题的地方很多。

名师点评

引用政府公共部门的报告，增强了文章的说服力。

一周多的时间里，还有失明和垂死的鳟鱼被动地漂浮在下游。"

（各种研究证实了滴滴涕可能导致鱼失明的事实。一位加拿大生物学家于 1957 年观察到，在温哥华北部岛上的喷洒中，原本凶猛的鳟鱼鱼苗如今运动缓慢且没有试图逃脱，因此可以用手轻易地从溪流中捞出，经检查发现它们的眼睛覆盖着不透明的白色薄膜。加拿大渔业部的实验研究表明，几乎所有因暴露于低浓度——百万分之三——滴滴涕而没有被杀死的银鲑都显示出水晶体不透明的失明症状。）

名师点评

用具体的例子说明滴滴涕对鳟鱼产生的巨大影响。

哪里有大片森林，现代化的昆虫控制方法就会威胁到栖息在森林遮蔽处溪流中的鱼类。美国最著名的鱼类破坏案例之一发生于 1955 年，是由于在黄石国家公园内和附近的喷洒。那年秋天，在黄石河中发现了数量惊人的死鱼，钓鱼者和蒙大拿州的渔猎部对此感到十分震惊。这条河约有 90 英里受到影响。在一段 300 米长的海岸线上，人们统计出 600 条死鱼，包括鳟鱼、白鱼和吸口鱼。作为鳟鱼的天然食物的水生昆虫已经消失了。

名师点评

用具体的数字说明死去的鱼类之多，让读者印象十分深刻。

林业局的官员宣布，他们已建议每英亩 1 磅滴滴涕作为"安全标准"。但是该建议远非合理，喷洒的结果应该足以说服任何人。蒙大拿州渔猎部与两个联邦机构——鱼类与野生动物管理局和林业局于 1956 年开始进行合作研究。那年在蒙大拿州喷洒了 90 万英亩的土地，1957 年也对 80 万英亩的土地进行了处理。因此，生物学家毫不费力地找到了他们的研究场所。

名师点评

用具体的数字说明喷洒的范围之广大，由此带来的后果当然也十分严重。

死亡的模式总是一定的：森林中滴滴涕的气味，水面上的油膜，沿海岸线分布的死鳟鱼。所有被分析的鱼，无论是活的还是死的，其组织中都存储着滴滴涕。

加拿大东部也一样，喷洒最严重的影响之一就是食物的严重减少。在许多研究区域中，水生昆虫和其他溪流底部生活的动物种群减少到其正常种群的十分之一。这些对鳟鱼生存至关重要的昆虫种群一旦被破坏，将需要很长时间才能重建。即使在喷洒后的第二个夏天结束时，也只有极少量的水生昆虫种群在自我恢复，并且在一条溪流中几乎找不到像以前一样丰富的底层动物。在这条河流中，鱼的捕获量减少了百分之八十。

　　鱼不一定会立即死亡。实际上，延迟死亡可能比立即死亡更为严重，而且，正如蒙大拿州生物学家发现的那样，由于死亡发生在捕鱼季节之后，因此可能没有报告。在被研究的溪流中，秋季产卵鱼发生了许多起死亡事件，这些鱼包括褐鳟、溪鳟和白鲑。这不足为奇[①]，因为在有生理压力时，无论是鱼类还是人都会利用其储存的脂肪获取能量，储存在组织中的滴滴涕会在鱼消耗脂肪时将鱼杀死。

　　因此，十分清楚的是，以每1英亩1磅滴滴涕的比率喷洒对森林溪流中的鱼类构成了严重威胁。此外，并未实现对蚜虫的控制，许多地区已计划进行复喷。蒙大拿州渔猎部强烈反对进一步喷洒，称"对于让人怀疑的必要性和成绩，他们不愿意为喷药计划牺牲渔猎资源"。但是，该部门宣布将继续与林业局合作"以确定减少不良影响"。

　　但是，这样的合作能成功地拯救鱼类吗？在不列颠哥伦比亚省的经验可以说明这一点。几年来，黑头蚜

名师点评

用具体的数字说明杀虫剂对养鱼业产生了重要影响。

名师点评

作者的结论是建立在大量切实的证据之上的，很有说服力。

[①] 不足为奇：不值得奇怪。指某种事物或现象很平常，没有什么奇怪的。

虫一直在肆虐①。林业官员担心另一次季节性的脱叶会导致树木的严重损失，于是决定在1957年进行化学控制。森林生物分局同意在不破坏其有效性的情况下以各种可能的方式修改喷洒程序，以减少对鱼类的危害。

尽管采取了这些预防措施，并且做出了真诚的努力，但至少4条主要溪流中的将近百分之百的鲑鱼被杀死了。

在其中一条河流中，4万条成年银鲑鱼群中的幼鱼几乎被全部歼灭。几千头虹鳟和其他种类的鳟鱼的幼鱼也是如此。银鲑的生命周期为3年，其参加洄游的鱼几乎完全由单一年龄组的鱼组成。像其他种类的鲑鱼一样，银鲑具有很强的洄游本能，可以回到出生地。来自不同河流的鱼不会相互乱窜。因此，这意味着每3年有鲑鱼流入这条河的现象将不复存在，直到通过人工繁殖或其他手段进行精心管理才能重建这条重要的洄游之路。

有很多方法可以解决既保护森林又拯救鱼类的问题。假设遵循绝望和失败主义，我们将会任由这些水道变成死亡之河。我们必须更广泛地使用目前已知的替代方法，将自己的才智和资源投入到发展其他方法中。有记录表明，天然寄生虫比喷药更有效地控制了蚜虫。这种自然控制需要得到最大程度的利用。尽量使用毒性较小的杀虫雾剂，或者更好的方法是，将致病的微生物引入蚜虫而不影响整个森林的生态。稍后我们将看到这些替代是什么以及它们可以做到什么。同时，重要的是要认识到化学药物喷洒森林昆虫既不是唯一的方法，也不

---

① 肆虐：任意作恶。

名师点评

说明了预防措施没有效果。

名师点评

"有记录表明"说明作者的说法是有根据的，不是凭空捏造的。

是最好的方法。

　　杀虫剂对鱼类的威胁可分为3种。正如我们所看到的，其中一种与北方森林中的鱼类有关，也与森林喷洒的问题有关。它几乎完全是滴滴涕的作用。另一种是广阔的、分散的，因为它涉及许多地区的许多不同种类的鱼类，例如鲈鱼、翻车鱼、陷阱鱼、吸口鱼以及栖息在各种水域中的其他鱼类。尽管几乎可以很容易地查出安德萘、毒杀芬、狄氏剂和七氯等一些罪魁祸首，但它也涉及目前使用的几乎所有的杀虫剂。现在我们仍然必须充分考虑另一个问题，即在逻辑上未来可能会发生的事情，因为揭露与盐沼、海湾和河口的鱼类有关事实的研究才刚刚开始。

　　随着新型有机杀虫剂的广泛使用，对鱼类的严重破坏不可避免。鱼类对构成大部分现代杀虫剂的氯化烃非常敏感。当数以百万计的有毒化学物质被施用于陆地表面时，其中一些会不可避免地进入海陆间不断的水循环之中。

　　关于鱼类致死的报道现在变得很普遍，以至于美国公共卫生署设立了一个办事处来收集各州的此类报道作为水污染的指数。

　　这是很多人关心的问题。约有2500万美国人将钓鱼视为主要的休闲活动，另有1500万人至少是业余钓鱼爱好者。这些人每年花费30亿美元用于许可证、工具、船、露营设备、汽油和住宿。任何剥夺他们进行这项运动的行为也影响了大量的经济利益。渔业代表了更重要的经济利益：重要的食物来源。每年内陆和沿海渔业产量（不包括近海捕捞量）估计为30亿磅。但是，正如我们所看到的那样，杀虫剂对溪流、池塘、河流和

思考探究

想一想，能否去掉"几乎"一词，表达效果有什么不同？

名师点评

从经济利益的角度进行分析，将巨大的经济损失展示出来，更能打动读者。

105

海湾的侵袭已经对休闲钓鱼和商业捕鱼都构成了威胁。

农作物喷洒毁灭鱼类的例子随处可见。例如，在加利福尼亚州，人们试图用狄氏剂来控制一种水稻叶子害虫造成的损失，其代价大约是6万条可供捕捞的鱼，其中大部分是蓝腮太阳鱼和其他种类的翻车鱼。在路易斯安那州，由于在甘蔗田中使用安德萘，仅1年（1960年）就发生了30多起大型鱼类死亡事件。在宾夕法尼亚州，为了消灭果园中的老鼠，鱼被安德萘杀死。在西部高原上使用氯丹控制蝗虫之后，许多溪流中的鱼类死去了。

可能还没有其他大规模的农业计划像今天这样被实施，为控制火蚁，人们在美国南部对数以百万计的土地进行化学喷洒，主要使用的化学药物是七氯，它对鱼类的毒性仅比滴滴涕低。狄氏剂是另一种火蚁毒药，有记载它对所有水生生物都具有极端的危害。仅安德萘和毒杀芬就已经对鱼类构成极大的威胁。

不论是用七氯还是狄氏剂喷洒，火蚁控制区内的所有水生生物都受到了灾难性影响。一些研究这种破坏作用的生物学家的报告摘录就能显示出死亡的味道：得克萨斯州报告说，"尽管努力保护着运河，水生生物仍大量死亡"，"所有处理过的水中都存在死鱼……"，"鱼的死亡是灾难性的，并持续了3个多星期"。亚拉巴马州报告说，"喷洒后几天内，威尔科克斯县大部分成年鱼被杀死，临时水域和支流中的鱼类似乎已被彻底灭绝"。

在路易斯安那州，农民抱怨农场池塘的损失。一条运河上不到四分之一英里内就有500多条死鱼漂浮在水上或躺在岸边，在另一个教区中出现了150条死亡的翻车鱼，占原有鱼类的四分之一，其他 5 种鱼似乎已被彻底消灭。

在佛罗里达州，人们发现喷洒区池塘中的鱼含有七氯残留和一种衍生的化学物质——氧化七氯。这些鱼包括翻车鱼和鲈鱼，它们是垂钓者的最爱，也经常出现在餐桌上。然而，它们体内所含的化学物质属于美国食品药物监督管理局认为的对人类食用而言太危险的物质，即使数量很少也会造成很大的威胁。

据报道，鱼类、青蛙和其他水中的生命被杀死了，以至鱼类、爬行动物和两栖动物研究的权威科学组织——美国鱼类学家和爬虫学家学会于 1958 年通过一项决议，呼吁农业部和相关国家机构"在未造成不可挽回的伤害之前，停止在空中喷洒七氯、狄氏剂和同等性质的毒剂"。该学会呼吁人们关注生活在美国东南部的鱼类和其他多种生物，包括世界上其他地方都没有的物种。该协会警告说："其中许多动物只生活在一小块特定区域中，因此很可能会被彻底灭绝。"

南部各州的鱼类还遭受了针对棉花虫杀虫剂的沉重打击。1950 年的夏天是亚拉巴马州北部棉花种植遭受灾难的季节。在那年之前，只有少量的有机杀虫剂用于控制棉铃象鼻虫。但是在 1950 年，由于冬季温暖，出现了许多象鼻虫，因此，在县政府人员的敦促①下，估计有百分之八十至百分之九十五的农民开始使用杀虫剂。农民们普遍使用的化学物质是毒杀芬，它对鱼类最具伤害性。

那个夏天经常下大雨，大雨将化学药物冲洗到溪流

思考探究

想一想，这个警告会不会成为现实？

---

① 敦促：催促。

107

中，因此，农民增大了药量。那年平均每英亩棉花被喷洒了 63 磅的毒杀芬。一些农民在每英亩的土地上使用了多达 200 磅的药量。一个农夫以极大的热情，将超过0.25 吨的杀虫剂施用到了 1 英亩土地上。

结果可以被很容易地预见。富林特河发生的事情是该地区的典型情况，该河流流过亚拉巴马州 50 英里长度的棉田，然后流入惠勒水库。8 月 1 日，倾盆大雨降落在富林特河流域。在细流中，小溪中，最后在洪水中，水从土地汇入河流中。富林特河的水位上升了 6 英寸。到第二天早上，很明显，除雨水外，还有别的东西已经进入河中。鱼在水面上无目标地浮动。有时候，它们会从水中跃到河岸上，这很容易被抓住。一位农民捡起几条，把它们带到一个泉水池中。在纯净的水中，一些鱼苏醒过来。但是死鱼成天顺河漂浮而下。这只是以后出现更多死鱼的前奏，因为每场雨水都将更多的杀虫剂冲入河中，从而杀死更多的鱼。8 月 10 日的降雨导致整条河中的鱼类基本死光了，因此在 8 月 15 日，几乎没有鱼成为又一次涌入溪流的化学药物的受害者了。把关在笼子里接受实验的金鱼放入河里，它们在一天内都死了，这成为该化学药物具有致命威胁的证据。

在富林特河遭受浩劫的鱼包括大量的白刺盖太阳鱼，它们是垂钓者的最爱。有小溪流入的惠勒水库中也发现了死鲈鱼和死翻车鱼。这些水域中的杂鱼种群也遭到毁灭，例如鲤鱼、野牛鱼、鼓鱼、砂囊鲥和鲶鱼。没有鱼显示出疾病的迹象，只表现出垂死时的不规则运动和腮上呈深酒红色。

在农场池塘温暖封闭的水域附近使用杀虫剂，很可能会导致鱼类死亡。如许多事例所示，雨水和周围土地的径流带走了化学药物。有时，池塘中不仅会接收到污染的径流，而且还会直接接收到化学药物，因为撒药的飞行员在经过池塘时没有关闭喷洒器。即使没有这种复杂情况，正常的农业用途的喷洒也会使鱼类遭受比杀死它们所需剂量浓度高得多的杀虫剂。换句话说，所使用杀虫剂的磅数的明显减少几乎不会改变其对鱼类的致死性，因为对池塘施以每英亩超过 0.1 磅的量通常就认为是危险的了。而且，一旦化学药物进入池塘，就很难消除。通过滴滴涕处理，灭杀过小鱼的池塘经过反复排水和冲洗仍带有剧毒，以至于杀死了后来放养其中的 94% 的翻车鱼。显然，化学药物已经储存在了池底的泥浆中。

现在的情况显然不会比第一次使用现代杀虫剂时更好。俄克拉荷马州野生动物保护部在 1961 年指出，关于农场池塘和小湖泊鱼类损失的报道至少每周就有一次，而且这种报道还在增加。这些年来，造成该州这些损失的原因是反复出现且令人熟知的：在农作物上使用杀虫剂，然后大雨将毒物冲入池塘。

在世界某些地方，在池塘中饲养的鱼是必不可少的食物来源。在这样的地方，不考虑对鱼类的影响而使用杀虫剂会带来直接的问题。例如，在罗得西亚，一种重要的食用鱼——卡菲鲷，其幼鱼在浅水池中仅接触百万分之零点零四的滴滴涕就会被杀死，甚至许多更小剂量的其他杀虫剂也会对其造成致命危害。这些鱼生活的浅水区，是蚊子繁殖的好地方。显然，现在还不能令人满意地解决在控制蚊子的同时又保护中非地区饮食中重要的鱼类的问题。

菲律宾、中国、越南、泰国、印度尼西亚和印度的

名师点评
用不同的说法进行说明，使文章通俗易懂。

名师点评
指出鱼的重要性。

遮目鱼养殖也面临类似的问题。遮目鱼被养殖在这些国家沿海岸分布的浅塘中。幼鱼的鱼群会突然出现在沿海水域（没人知道在哪里），它们被捞起并安置在浅塘中，它们在那里长大。这种鱼非常重要，它是成千上万的以大米为主食的东南亚人和印度人的动物蛋白来源，太平洋科学代表大会建议在全球范围内努力寻找未知的产卵场，以便大规模地发展这些鱼的养殖。然而，杀虫剂的喷洒导致了大量的损失。在菲律宾，为控制蚊子而进行的空中喷洒使池塘的所有者付出了沉重的代价。在一个有 12 万条遮目鱼的池塘中，尽管池塘主人拼命地通过往池塘注水来稀释有毒化学物质，但还是有一半以上的鱼在喷药飞机飞过后死亡。

名师点评

用具体的例子说明损失巨大。

近年来，最令人震惊的鱼类死亡事件之一发生在 1961 年，得克萨斯州的奥斯汀下游的科罗拉多河上。1月 15 日星期日，在黎明不久后，死鱼出现在新唐湖和该湖下游约 5 英里范围内的河面。一天前未见任何人报告。周一有了关于下游 50 英里处死鱼的报告。那时，一股很明显的有毒物质的浪潮顺着河水向下移动。到 1月 21 日，鱼类在莱格兰吉附近下游 100 英里处被杀死。一周后，这些化学物质开始在奥斯汀下游 200 英里处造成致死性的危害。在 1 月的最后一周，人们关闭了内河航道的船闸，以避免这些毒水进入玛塔高达湾，并将其转移到墨西哥湾。

名师点评

用明显的时间词说明毒水的毒害范围在逐渐扩大。

同时，奥斯汀的调查人员注意到与杀虫剂氯丹和毒杀芬有关的气味。其中一个下水管道排放的污水气味特别强烈。过去，该下水道与排放工业废物造成的麻烦有关，当得克萨斯州渔猎局的官员从湖中跟进该下水道时，他们注意到一个化工厂支线处的所有开口处都有类似六氯化苯的气味。该工厂的主要产品包括滴滴涕、六氯化苯、氯丹和毒杀芬，以及少量其他杀虫剂。该工厂的经理承认，最近已将一定数量的粉状杀虫剂冲入下水管道，更重要的是，他承认，过去十年来，这种处理杀虫剂溢出物和残留物的做法一直很普遍。

在进一步的搜索中，渔业官员发现了从其他工厂流出的雨水或日常用水也会把杀虫剂带入下水道。然而，这一事故链中最后环节的一个事实是，在湖泊和河流中的水毒死鱼类的前几天，整个雨水排放系统已在高压下被数百万加仑的水冲刷过了。毫无疑问，这种冲洗释放了积聚在砾石、沙子和瓦砾中的杀虫剂，并将其带入湖中，然后带到河中，后来的化学测试证实了它们的存在。

大量杀伤性的毒物从科罗拉多河上流下来时，给鱼类带来了死亡。在湖下游140英里处，鱼几乎被杀光了，因为后来人们使用围网试图发现是否还有鱼逃脱掉时，网是空的。27种死鱼被发现，每一英里的河岸就约有1000磅死鱼。这条河里的主要捕捞对象是一种运河猫鱼，除此以外，还有蓝色和扁头猫鱼、鳅鱼、四种翻车鱼、小银鱼、绦鱼、石滚鱼、大嘴鲈、鲻鱼、吸口鱼、黄鳝、雀鳝、鲤鱼、河吸盘鲤、砂囊鲋和水牛鱼等，它们都死了。其中一些是河中的长者，从个头来看应该活了很多年。有许多重达25磅的扁头猫鱼，据报道，河边的当地居民捡到了重达60磅的鱼，还有一条巨大的蓝猫鱼，其正式记录为84磅。

鱼类和野生动植物管理局预测，即使没有进一步的污染，要改变这条河中鱼类的数量也需要数年。有些物种——在其自然范围的区域内生存——可能永远无法自

名师点评

说明杀虫剂散布的时间之长，体现了当时人们的不重视的态度。

名师点评

体重极大的鱼也死去了，充分说明了河水的毒性之大。

我重建，而其他物种只有在全国范围的放养行动的帮助下才能重建。

奥斯汀的鱼类灾害已广为人知，但几乎肯定还会有续集。有毒的河水经过下游 200 多英里后仍具有致命的杀伤力。它被认为太危险了，不能进入有牡蛎床和虾类捕捞场的马塔哥达湾水域，因此全部有毒物质被转移到开阔的墨西哥湾水域。在那里有什么影响呢？那么，其他几十条河流中携带的污染物的杀伤力可能同样致命吗？

我们对这些问题的回答仅是在大多数情况下进行的推测，但人们越来越关注杀虫剂在河口、盐沼、海湾和其他沿海水域中的污染。这些地区的河流已经受到了污染，但杀虫剂还是经常被直接喷洒进这些河流，用以控制蚊子或其他昆虫的数量。

在佛罗里达州东海岸的印第安河沿岸，没有任何地方比这里更能证实杀虫剂对盐沼、河口和所有宁静的入海口的生命的影响。1955 年春天，人们在圣露西郡约 2000 英亩的盐沼中使用了狄氏剂，以消除沙蝇的幼虫。使用的浓度为每英亩 1 磅，这对水生生物的影响是灾难性的。州卫生委员会昆虫学研究中心的科学家对喷雾后造成的屠杀情况进行了调查，并报告说，鱼的灭绝"基本完成"，岸上到处都是死鱼，从空中可以看到鲨鱼被水中无助的垂死的鱼所吸引而移动，没有任何一种鱼类幸免，死者中有鲻鱼、锯盖鱼、银鲈、食蚊鱼。

除印第安河沿岸地区外，整个沼泽地中被直接杀死的鱼的总量为 20 到 30 吨，或者说至少有 117.5 万条，约 30 种，报告者为调查队的 R.W. 小哈林顿和 W.L. 彼得令梅叶。

软体动物似乎未受到狄氏剂的伤害，甲壳动物在整个地区几乎被消灭了，整个水生螃蟹种群显然遭到毁灭，招潮蟹几乎全部被消灭，幸存者仅在明显被漏喷的沼泽中暂时存活。

较大的捕捞鱼和食用鱼很快死去……螃蟹吃了垂死的鱼，第二天就死了。蜗牛继续吞食鱼的尸体，两周后，死去的鱼没有留下任何残体。

已故的赫伯特·米尔斯博士在佛罗里达对岸坦帕湾的观测中也描绘了同样令人抑郁[①]的画面，国家奥杜邦协会在那里建立了包括威士忌残礁在内的海鸟禁猎区。具有讽刺意味的是，在当地卫生部门发起了一场消灭盐沼蚊子的运动之后，禁猎区成了一个荒凉的栖息地。鱼类和螃蟹再次成为主要受害者。招潮蟹是一种精致而美丽的甲壳纲动物，成群地像放牧的牛一样在泥滩或沙滩上移动，对喷洒没有抵抗之力。在夏季和秋季连续喷药（某些地区喷药多达 16 次）后，米尔斯博士总结了招潮蟹的状况："到那时，招潮蟹的逐渐减少已经很明显了。在当天的潮汐和天气情况下（10 月 12 日）应该有 10 万只招潮蟹在附近，可是在海滩上的所有地方也看不到 100 只，它们都死了或病了，颤抖着，抽搐着，磕磕碰碰，几乎不能爬行，然而在邻近的未喷洒的区域，招潮蟹仍然很多。"

招潮蟹在它们所居住的生态世界中所处的位置是必要的且不可或缺的。它是许多动物重要的食物来源。沿海浣熊以它们为食，像铃舌秧鸡、海岸鸟甚至是来访的海鸟这些栖息于沼泽的鸟类也以它们为食。在新泽西州

名师点评
用打比方的方法说明招潮蟹的数量之多。

名师点评
"不可或缺"一词表明了招潮蟹的重要地位。

[①] 抑郁：心里忧烦、苦闷。

喷洒了滴滴涕的盐沼中，笑鸥的正常数量在数周内减少了百分之八十五，这大概是因为鸟类在喷洒后找不到足够的食物。招潮蟹在其他方面也很重要，它们是有用的清道夫①，并因其广泛的穴居而使沼泽的泥土透气。它们还为渔民提供了大量诱饵。

招潮蟹不是唯一受到杀虫剂威胁的潮汐沼泽和河口生物。其他对人类更重要的物种也濒临灭绝。切萨皮克湾和其他大西洋沿岸地区中著名的蓝蟹就是一个例子。这些螃蟹极易受到杀虫剂的影响，潮汐沼泽中的小溪、沟渠和池塘的每一次喷洒都会杀死那里的大多数螃蟹。不仅当地的螃蟹死亡，而且其他从海里迁移到喷洒区域的螃蟹也死于中毒。有时中毒可能是间接的，例如在印第安河附近的沼泽中，清道夫蟹袭击了垂死的鱼类，但很快它们就被这种毒药杀死了。对龙虾的危害我们知之甚少。然而，它与蓝蟹属于同一类节肢动物，具有基本相同的生理特征，并且可能会遭受相同的影响。作为人类食品具有直接经济重要性的石蟹和其他甲壳类动物也会出现同等状况。

沿海水域（海湾、海峡、河口、潮汐沼泽）形成了极为重要的生态单元。它们与许多鱼类、软体动物和甲壳类动物的生活密切相关且必不可少，当这些水体不再适合鱼类、软体动物和甲壳类动物居住时，这些海鲜将从我们的餐桌上消失。

即使是在沿海水域范围广泛生存的鱼类中，许多鱼类仍依赖受保护的近海地区作为幼鱼的育苗场和觅食场。在佛罗里达州西海岸的红树林林立的小溪和运河

名师点评
用表示递进的关联词说明杀虫剂对螃蟹的巨大杀伤力。

名师点评
说明了沿海水域在生态中的重要作用。

---

① 清道夫：旧时称打扫街道的清洁工。

中，有很多幼小的大鳕白鱼。在大西洋沿岸，鳟鱼、黄花鱼、斑点鱼和鼓鱼在沙洲上产卵，这些沙洲位于各岛或"河岸"之间的入口处，就像一条保护链，分布在纽约南部大部分沿海地区。幼鱼孵化并被潮汐带入入海口。在海湾和海峡(卡里图克海峡、帕勒恰海峡、波桂海峡和其他许多海峡)中以及许多其他地方，它们发现了丰富的食物并迅速成长。如果没有这些温暖、食物丰富的育苗场，这些鱼类和许多其他鱼类的种群将无法维持。但是，我们允许杀虫剂进入河流和直接喷洒在海边的沼泽地上，也默认杀虫剂进入海水。这些鱼类在幼龄阶段甚至比成年阶段更易受到化学中毒。虾也依赖于近海的觅食场。丰富多样的虾类支持着南大西洋和海湾国家的捕捞业。尽管虾类是在海上产卵，但幼虾在几周大时便进入河口和海湾，经历连续的蜕皮和形态变化。它们从五六月开始一直停留到秋天，以水底碎屑为食。河口的有利条件决定了虾种群在整个近海生活期间及其所支持的渔业的福祉[1]。

　　杀虫剂是否对渔业和市场供应构成威胁？答案可能包含在渔猎局最近进行的实验中。他们发现幼小的商业类小虾对杀虫剂的耐受性极低，其剂量是以十亿分之几衡量，而不是更常用的百万分之几。例如，在一个实验中，一半小虾被狄氏剂杀死，其浓度仅为十亿分之十五。其他化学剂的毒性更大。安德荼一直是最致命的杀虫剂之一，其浓度仅为十亿分之零点五就可以杀死一半的虾。

　　这种威胁对牡蛎和蛤是成倍的。同样，它们在幼

---

① 福祉：幸福；福利。

思考探究

下文作者举了很多例子来进行说明，除了这些例子，你还知道相似的例子吗？

名师点评

用具体的例子和数据说明杀虫剂的毒性之大，人类对杀虫剂的认识一直存在误区。

龄阶段也最脆弱。这些贝类栖息在从新英格兰到得克萨斯州以及太平洋海岸保护区的海湾、海峡底部和潮汐河的底部。尽管它们成年后不再迁移，但它们却要出海产卵。几个星期以内，海洋里的幼体就可以自由活动了。在夏天，一条在船后的拖网可以收集到伴随着浮游生物一起的、很细小、像玻璃一样脆弱的牡蛎和蛤的幼体。这些透明的幼体大小不超过尘粒，它们在水中游动，以浮游生物为食。如果海洋中的浮游生物减少，幼小的贝类就会饿死。然而，杀虫剂很可能会杀死大量的浮游生物。在草坪、耕地和路边，甚至在沿海沼泽地中，一些常用的除草剂对贝类幼体的食物——浮游生物有害，其中部分除草剂仅为十亿分之几的剂量，对于它们来说就具有极高的毒性。

纤弱的贝类幼体被极少量的各种常见杀虫剂杀死。即使它们接触的剂量在致死量以下，最终也可能死亡，因为这些毒素会不可避免地阻碍其生长速度。这延长了幼体在浮游生物组成的危险世界中度过的时间，减少了它们成年后存活的机会。

对于成年贝类，由某些杀虫剂引起的直接中毒的危险显然较小。但是，这不一定使人放心。牡蛎和蛤可能会将这些毒物集中在消化器官和其他组织中。这两种贝类通常都是被人完整食用的，有时甚至是生食。商业渔业局的菲利普·巴特勒博士做了一个不祥的类比，即我们可能与北美知更鸟处于同样的境地。他提醒我们，这些北美知更鸟并不是死于喷洒滴滴涕的直接接触。它们之所以死亡，是因为吃了已经在其组织中浓缩了杀虫剂的蚯蚓。

尽管在某些溪流或池塘中成千上万的鱼类或甲壳

名师点评

形象地说明了牡蛎和蛤的幼体的脆弱和小。

思考探究

看到这里，你心里会怎样想？

类动物突然死亡令人震惊，这只是对昆虫的化学控制的直接可见的后果，但杀虫剂进入河流造成的那些看不见的、仍是未知的和无法衡量的影响更加可怕。整个问题困扰着人们，目前还没有令人满意的答案。我们知道，农场和森林的径流中所含的杀虫剂现在正通过许多河流进入海洋，但是我们不知道这些化学药物的种类和总量，它们一旦进入海中就处于高度稀释状态，目前还没有任何可靠的测试可用来进行鉴定。尽管我们知道化学药物在漫长的运输过程中肯定发生了变化，但我们不知道改变后的化学药物比原来的化学药物毒性更大还是更小。另一个几乎尚未研究的领域是化学药物之间的相互作用，当化学药物进入海洋时，这一问题变得尤为紧迫。因为在海洋中，许多不同的无机物都混合在一起，化学药物又会发生怎样的变化呢？所有这些问题都迫切需要经广泛研究以后提供出准确答案，而用于此类研究的资金却很少。

淡水和海水渔业是非常重要的资源，涉及许多人的利益和福祉。无疑的是，它们现在已经受到进入水域的化学药物的严重威胁。如果我们将每年花在开发更具毒性的杀虫剂上的一小部分钱用于建设性研究，我们就能找到使用危险性较小的原料并将毒物排除在水道之外的方法。公众何时才能充分了解事实，并要求采取这种行动呢？

思考探究

作者为什么会这样说？

名师点评

作者点出了存在的矛盾，引发读者思考。

名师点评

作者提出的问题，也是读者的问题，言有尽而意无穷。

阅读鉴赏

在本章节中，作者描述了杀虫剂进入河流后对鱼类的巨大杀伤力。人类虽然并没有把杀虫剂直接喷洒入河流，但是杀虫剂及其残留物仍以各种方式进入河流，它的毒性给鱼类带来了灭顶之灾。作者在行文中，采用范围逐渐扩大的方式，从河流写起，一直写到河流的入海口，展示了杀虫剂带来的灾

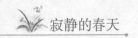

难是一个逐渐扩大的过程。同时，作者引用权威部门的数据、例子，采用摹状貌、打比方、列数字、作比较等多种说明方法，增强了文章的说服力。

知识拓展

佛罗里达州：美国大西洋沿岸南部区一州。介于大西洋与墨西哥湾之间的佛罗里达半岛为该州的主体部分。面积约 15.54 万平方千米。州府塔拉哈西 (Tallahassee)，主要城市有杰克逊维尔、迈阿密、坦帕 (Tampa) 等。美国主要果园和园艺州之一，盛产柑橘类水果、甘蔗和各类蔬菜。畜牧业以养牛、禽和良种马为主。沿海和河湖渔业较盛。矿业以开采磷灰石为主。主要工业部门是电子设备、运输设备和仪表制造，大西洋沿岸卡纳维拉尔角的肯尼迪航天中心举世闻名。

考题链接

1. 下列加点的成语使用有误的一项是（   ）。

A. 爱国，是这场舆论战的制高点，一切遭受打压或忍辱负重或奋起抗争的企业，都会被视为民族英雄。

B. 在"高科技促进环保的发展"主题班会上，他的一番高谈阔论获得了大家的肯定与赞许。

C. 技术创新对于老字号而言，具有生死存亡的意义。现代社会科技发展日新月异，仅仅攥着祖传的老秘方是不够的。

D. 从先秦诸子百家到汉魏六朝歌赋，从唐诗宋词元曲到明清小说，中华文化经历了几千年的沉淀和发展，源远流长，博大精深。

2. 下列各句中，没有语病的一项是（   ）。

A. 使用国家自主知识产权的网络平台，能助推中华民族两个一百年奋斗目标的实现。

B. 深化科技体制改革，既能吸引海外人才回国创业，又能激发全社会的创新潜能，还能鼓励本土人才勇攀高峰。

C. 端午节假期到来，人们除了吃粽子、赛龙舟外，还可以游览名人出生地和文化遗产地，了解和唤醒文化记忆。

D. 很多人知道使用含有滴滴涕的杀虫剂对动物有影响，却不知道它对人类的身体也存在着重大影响。

第十章 天空中的肆无忌惮

名师导读

当致死性化学药物从空中肆无忌惮地喷洒而下，是不是只有预定的目标昆虫或植物被杀死，被这些化学药物笼罩的人和其他动植物就安然无恙？这样大规模地喷洒化学药物，会不会带来其他无法预知的后果？做出这一决定的人，到底是怎样考虑的？让我们从下文中寻找答案吧。

空中喷洒从小范围的农田和森林开始，渐渐地扩大，喷洒量也增加了，因此英国生态学家最近称之为在地球表面的"惊人的死亡之雨"。我们对毒物的态度发生了微妙的变化。一旦将它们保存在有危险标示的容器中，我们就谨慎使用，格外小心，不将其与目标物外的东西接触。随着新型有机杀虫剂的发展以及第二次世界大战后大量飞机的闲置，所有这些提醒都被遗忘了。尽管现在的有毒化学药物比以前已知的有毒化学药物更危险，但它们却变成了可以从天空中随意喷洒的东西。不仅是目标昆虫或植物，在化学污染范围内的任何人类或非人类都可能尝到该有毒化学药物邪恶的滋味。喷洒不仅在森林和耕地上空，城镇也在劫难逃。

现在，许多人对致死性化学药物在数百万英亩的空中喷洒感到不安，并且在 20 世纪 50 年代后期进行的两次大规模喷洒在很大程度上增加了这些疑虑。这些喷洒针对的是东北部各州的吉卜赛蛾和南部的火蚁。两者都不是本地昆虫，但都在那里居住了多年，并没有造成需要采取紧急措施的状况。然而，人们突然采取了严厉的行动对付它们，本着为达目的不择手段的观念，这种观念长期指导着我们农业部的防控部门。

　　吉卜赛蛾防控计划表明，用鲁莽的大规模喷洒代替局部的适度控制会造成巨大的伤害。对火蚁的喷洒就是防控需求严重夸大的典型例子，对毒药影响目标物和其他生命的剂量没有科学的了解，却大肆使用来摧毁目标。最终这两个计划都没有实现其预期目标。

　　吉卜赛蛾原产欧洲，在美国已有近百年历史。1869年，一位法国科学家罗伯特·察乌罗特在一次吉卜赛蛾与蚕的杂交试验中，意外地让一些飞蛾从他在马萨诸塞州梅德福的实验室逃脱了。吉卜赛飞蛾在新英格兰逐渐蔓延。其蔓延的主要因素是风——它们的幼虫非常轻，可以被风携带到很高很远的地方。另一传播途径是每年冬天，吉卜赛蛾的卵会寄存在植物上，然后这些植物会被运往全国各地。每年春天，幼虫期的吉卜赛蛾会侵害橡树和其他一些硬木类的树，持续数周之久，现在所有新英格兰地区都有其踪迹。它们也偶尔出现在新泽西州，它们是在1911年随着荷兰运来的一批云杉被带来的，而在密歇根州，这种蛾子的入侵方式尚不清楚。1938年的新英格兰飓风将它带入宾夕法尼亚州和纽约，但阿地伦达山脉成为其向西发展的障碍，因为山上的林木对它没有吸引力。

　　人们已经通过多种方法将吉卜赛蛾限制在美国东北部。自从这种蛾子来到北美大陆之后的近一百年里，人们都担心它会入侵阿巴契亚南部的阔叶林，这种担心是没有道理的。从国外引进的13种寄生虫和它们的天敌，已经在新英格兰成功建立定居点。农业部认为这些引进的生物大大降低了吉卜赛蛾爆发的频率和破坏性。这种自然控制加上检疫措施和局部喷洒，使该部门在1955年达到了"对其分布和破坏的严格限制"的预期目标。

　　然而，对这种状况表示满意仅1年后，植物病虫害防治部门就开始了一项新计划，该计划要求每年在几百万英亩的土地上进行全面的喷洒药物，宣布要最终"根除"吉卜赛蛾。（"根除"是指一个物种在其分布范围内的彻底灭绝。然而，由于计划连续失败，该部门发现有必要谈论同一地区同一物种的第二或第三次"根除"。）

　　农业部雄心勃勃地开始了针对吉卜赛蛾的大规模全面化学战。1956年，在宾夕法尼亚州、新泽西州、密歇根州和纽约州喷洒了近100万英亩土地。

喷洒区域的人们提出了许多关于化学品危害的投诉。随着大面积喷洒的模式逐渐建立起来，环境保护主义者越来越感到不安。1957年宣布计划喷洒300万英亩土地时，反对声更强烈，但州和联邦农业官员的作风就是不去理会个人投诉。

1957年针对吉卜赛蛾的喷洒中包括长岛地区，主要是人口稠密的城镇和郊区以及与盐沼接壤的一些沿海地区。长岛纳苏郡是纽约市以外人口最多的县。荒谬的是，"害虫对纽约大都市区的侵袭"被认为是该计划实施的重要理由。吉卜赛蛾是森林昆虫，当然不会生活在城市，也不生活在草地、耕地、花园或沼泽中。但是，美国农业部和纽约农业与市场部在1957年租用的飞机一丝不苟地喷洒了规定的油溶性滴滴涕。他们把滴滴涕喷洒在菜地、奶牛场、鱼塘和盐沼。他们喷洒了四分之一的郊区，在咆哮的飞机到达之前，一名家庭主妇正竭力遮盖她的花园，喷洒的杀虫剂打湿了她的衣服，洒向玩耍的孩子们和在火车站通勤的人们。在赛特克特，一匹很好的赛马在飞机喷洒过的田沟里喝了水，结果10小时后死亡了。人们在汽车上发现了油性混合物，花和灌木被毁了，鸟类、鱼类、螃蟹和有益的昆虫通通被杀死了。

由举世闻名的鸟类学家罗伯特·库什曼·墨菲带领的一群长岛公民已寻求法院的禁令，阻止1957年的喷洒。当时法院拒绝发出禁令，抗议的公民不得不忍受原定滴滴涕的喷洒，但此后他们继续努力以获得长期禁令。但是由于该喷洒已经执行，法院裁定禁令的请求是"无意义的"。该案一直上诉到最高法院，最高法院却拒绝审理。法官威廉·道格拉斯坚决反对不复审此案的决定，他认为"许多专家和官员对滴滴涕的危害发出警报，这说明了此案对公众的重要性"。

长岛居民提起的诉讼至少使公众关注到杀虫剂大规模应用的增长趋势，以及防控机构无视公民财产权不可侵犯的权利和意愿。

针对吉卜赛蛾的喷洒过程中，牛奶和农产品的污染使许多人感到不快。纽约州威彻斯特县北部占地200英亩的沃勒农场所发生的一切可以说明这一点。沃勒夫人特别要求农业官员不要对她的产业进行喷洒，但是喷洒林地就不可能避免对牧场进行喷洒。她提出要检查有吉卜赛蛾的土地，在有吉卜赛蛾侵袭的地方通过点喷消灭它们。尽管被保证不会对农场进行喷洒，但她的产业还是受到了两次直接喷洒，此外，还两次受到了飘来的喷雾的影响。48小时后，从沃勒的纯种格恩西奶牛中抽取的牛奶样品中的滴滴涕含量为百万分之十四。当然，牛场用来放牧的草料也被污染了。尽管已通知县卫生部门，但没有指示说不应该销售被污染的牛奶。不幸的是，缺乏对消费者的保护是普遍现象。尽管美国食品药物监督管理局不允许牛奶中有残留杀虫剂，但其限制不仅没有得到充分的监管，而且仅适用于州际运输。州和县官员很少遵照联邦政府规定的杀虫剂标准，除非它和地方法令的内容一致，但是很少有这样的情况。

菜农也受了苦。一些蔬菜叶子变得焦黄且有斑点，无法上市销售，其他则带有很严重的杀虫剂残留物。在康奈尔大学农业实验站分析过的豌豆样本中，滴滴涕的含量为百万分之十四至二十。法定最大值应为百万分之七。因此，菜农不得不承受沉重的损失，或者不得不卖掉带有非法残留物的农产品。他们中的一些人申请并得到了补偿金。

随着滴滴涕空中喷洒事件的增多，向法院提起的诉讼数量也增加了，其中纽约州多个地区的养蜂人提起了诉讼。甚至在1957年的喷洒进行之前，养蜂人就因为在果园中使用滴滴涕而遭受了沉重的打击。"直到1953年，我一直把美国农业部和农业学院说的一切都当作准则。"其中一位养蜂人苦涩地说道。但是在同年5月，该州喷洒大片土地后，这个人失去了800个蜂群。损失如此大，以至于其他14位养蜂人与他一起起诉该州，要求赔偿25万美元。另一位养蜂人，他的400个蜂群成了1957年喷雾的附带绞杀目标。据报道，蜂巢的全部工蜂（为蜂巢采集花蜜和花粉的蜂）在森林地区被杀，而在喷洒强度较低的农场，这一比例也高达百分之五十。他写道："在5月走进院子，却听不到蜂鸣声，这是一件令人非常痛苦的事情。"

吉卜赛蛾喷洒计划有许多不负责任的行为特征。因为喷雾机的喷洒费用是以每加仑的杀虫剂量而不是以每英亩覆盖的地区为单位支付的，所以飞行员不需要节约杀虫剂，在许多地方不是一次而是多次喷雾。这样的情况至少发生了一次：政府将空中喷洒合同授予了一家没有在当地注册的州外公司，该公司不符合向政府注册以确定法律责任的要求。在这种极其棘手的情况下，当公民在自己的苹果园或蜂巢遭到破坏而遭受直接经济损失的时候，竟不知道要起诉谁。

1957 年灾难性的喷洒之后，该计划突然大幅度缩减，并有一个模糊的陈述，是关于"评估"以前的工作并测试替代杀虫剂的。喷洒面积从 1957 年的 350 万英亩减少到 1958 年的 50 万英亩，在 1959 年、1960 年和 1961 年降至约 10 万英亩。在此期间，防控机构必然得到来自长岛的令人不安的消息：大量吉卜赛蛾已经在那里出现了。昂贵的喷洒作业让他们在公共信任和良好信誉上付出了的沉重代价，而该喷洒原本打算永远消灭吉卜赛蛾，但实际上却什么也没做到。

同时，农业部的植物病虫害防治人员暂时忘记了吉卜赛蛾，因为他们忙于在南部发起一项更具野心的喷洒计划。"根除"一词仍然很容易从该部门的油印机中发现，这次宣传的是要彻底根除火蚁。

火蚁是一种因其火红的刺毛而得名的昆虫，它大概是从南美洲通过亚拉巴马州莫比尔港进入美国的，第一次世界大战结束后不久美国便有了它们的身影。到 1928 年，它已经扩散到莫比尔的郊区，此后继续入侵，现在已进入了大多数南部州。

自来到美国的四十多年中，火蚁似乎没有引起人们的注意。火蚁最多的州认为它们是一种滋扰，主要是因为它筑起高达一英尺的大巢。这些巢可能会妨碍农业机械的运行。但是只有两个州将其列为 20 种最主要的害虫之一，并将它们排在列表的底部。似乎还没有官方或个人担心火蚁会威胁农作物或牲畜。

随着具有广泛杀伤力的化学品的研制，官方对火蚁的态度突然发生了变化。1957 年，美国农业部发起了有史以来最大的宣传活动。火蚁突然成为政府宣传品、电影和政府引导性故事联合抨击的目标，这些故事将其描述为南方农业的破坏者以及鸟类、牲畜和人类的杀手。并宣布了一项大规模的行动，联邦政府将与受灾各州合作，最终在南部 9 个州喷洒处理约 2000 万英亩的土地。随着火蚁计划的实施，1958 年一份贸易杂志兴奋地报道："美国杀虫剂生产商似乎利用了由美国农业部实施的大规模除虫计划，这是一种销售手段。"

除"销售手段"的受益者外，几乎任何人都从未像今天这样对杀虫剂计划进行如此彻底和有理由的谴责。这是在大规模控制昆虫中计划不当、执行不强和彻底有害的典型实例，该实验耗资巨大毁灭动物生命，使农业部丧失公信力，然而让人无法理解的是，竟然还有大量资金投入到这一计划中。

最初，该主张赢得了国会的支持，后来却声名狼藉。人们说火蚁袭击地面巢中的幼鸟，破坏作物和野生生物，对南部农业造成严重威胁，还说它的刺严重威胁人类健康。

这些说法听起来到底怎么样？农业部观察员要求拨款的声明与农业部主要出版物所刊载的内容不符。1957年的公告《控制昆虫对农作物和牲畜的杀虫剂建议》没有怎么提到火蚁，如果农业部相信自己的宣传无误，那么这是一个明显的疏漏。而且，在1952年出版的专门研究昆虫的百科年鉴中，火蚁在其50万字的篇幅中只占一小段文字。

针对该部门无据可查的说法，即火蚁会破坏农作物并袭击牲畜，亚拉巴马州农业实验站经过认真研究，对这种昆虫有了最真切的了解。根据亚拉巴马州科学家的说法，火蚁"通常不会对植物造成损害"。亚拉巴马州理工学院昆虫学家、1961年任美国昆虫学会主席阿兰特博士说，他的部门"在过去的五年中，没有收到任何关于火蚁危害植物的报告……也没有观察到它对牲畜的伤害。"人们还观察到火蚁在野外和实验室中都以其他昆虫为食，其中许多昆虫是害虫。人们观察到火蚁会吃棉花上的象鼻虫幼虫，它们的筑巢活动也会帮助土壤通气和排水。亚拉巴马州的研究已经通过密西西比州立大学的调查得到证实，并且比农业部的证据更令人印象深刻。农业部的证据显然是基于与农民的对话（他们很容易将一种蚂蚁误认为另一种蚂蚁），或者是基于陈旧的研究资料。一些昆虫学家认为，蚂蚁的食物习性随着数量变得越来越多而发生了变化，因此几十年前的观察结果在现在根本没有什么价值。

蚂蚁威胁健康和生命的说法也进行了相当多的修改。农业部赞助了一部宣传电影（为得到对其喷洒计划的支持），其中用恐怖的场面刻画了火蚁的刺。诚然，被火蚁刺到会很痛苦，建议人们避免被刺伤，就像通常避免黄蜂或蜜蜂的刺一样。敏感个体有时可能会发生严重反应，据医学文献记载，虽然不是绝对的，但死于火蚁毒液的事件可能有一次。与此相反，人口统计局仅在1959年就记录了33例蜜蜂和黄蜂刺伤导致的死亡，但是似乎没有人提议"根除"这些昆虫。

同样，当地的证据最有说服力。尽管这种火蚁已经在亚拉巴马州居住了40年，并且集中地居住在亚拉巴马州，但亚拉巴马州卫生官员宣称"从未在亚拉巴马州记录到因火蚁叮咬而造成的人员死亡"，并认为医疗案例中被火蚁叮咬是"偶然"的。草坪或操场上的火蚁巢穴可能会造成儿童被叮咬的情况，但这绝不是喷洒数百万英亩毒药的借口。这些问题可以通过对蚁穴的单独处理来轻松解决。

也有人声称火蚁对野鸟造成了损害，却没有证据。在亚拉巴马州奥本市野生动物研究组的负责人莫里斯·贝克博士无疑是一位有资格就此问题发表言论的人，他在该地区拥有多年的工作经验。但是贝克博士的观点与农业部的主张完全相反。他宣称："在亚拉巴马州南部和佛罗里达西北部，我们能够与大量入侵的火蚁并存，并拥有出色的供狩猎的鸟类种群……在亚拉巴马州南部有火蚁的近40年中，猎物种群已显示出稳定且非常可观的增长。当然，如果入侵的火蚁对野生动植物构成严重威胁，那么这样的情况就不可能存在。"

由于对火蚁使用了杀虫剂，野生生物将遭遇什么又是另一回事。这次行动使用的化学药物是狄氏剂和七氯，它们都是较新的杀虫剂。两者在田间使用的经验都很少，所以没人知道大规模使用会对野鸟、鱼类或哺乳动物产生什么影响。但是，众所周知，这两种毒物的毒性都比当时使用了大约十年的滴滴涕高出许多倍，每英亩1磅的剂量已经杀死了一些鸟类和许多鱼类。而且狄氏剂和七氯的施放剂量较重，在大多数情况下为每英亩2磅，如果还想控制白条纹甲虫，则狄氏剂为3磅。就它们对鸟类的影响而言，七氯的规定用量相当于每英亩20磅滴滴涕，狄氏剂则相当于每英亩120磅！

大多数州的环境保护部门、国家环境保护机构、生态学家甚至某些昆虫学家都发出了紧急抗议，呼吁当时的农业部部长埃兹拉·本森推迟该计划，直到可以确定七氯和狄氏剂对野生和家养动物的影响，并找到能控制火蚁的最小使用剂量。抗议活动被无视，该计划于 1958 年启动。第一年喷洒了 100 万英亩土地。显然，此时的任何研究都只具有事后调查的性质。

随着该计划的推进，各种真相开始从州和联邦野生动植物机构的生物学家以及几所大学的研究中显现出来。研究表明，损失一直持续到某些被喷洒地区把野生动植物毁灭完为止。家禽、牲畜和宠物也被杀死。农业部以"夸大"和"误导"为借口，对所有造成损害的证据视而不见。

但是，事实仍在继续积累。例如，在得克萨斯州的哈丁县，施放化学药物后，负鼠、犰狳和大量浣熊几乎完全消失了。即使在喷洒后的第二个秋天，这些动物也很少。然后在该区域发现的几只浣熊组织中都检测出了化学杀虫剂残留物。

在喷洒区发现的死鸟的死因是吸收或吞下了用于防控火蚁的化学药物，这一事实已通过对其组织的化验得到清楚呈现。（唯一能幸存下来的鸟是麻雀，在其他地区也有一些证据表明它可能具有相对的免疫力。）1959 年在亚拉巴马州的一条喷洒路线中，有一半的鸟被杀死。生活在地面上或低矮植被中的鸟类死亡率达到 100%。即使在喷洒一年以后，春天也没有鸣禽歌唱，并且许多良好的筑巢地也无鸟问津。在得克萨斯州，人们在巢穴中发现了死去的燕八哥、黑喉鹩和百灵鸟，许多巢穴被废弃。把得克萨斯州、路易斯安那州、亚拉巴马州、佐治亚州和佛罗里达州的死鸟标本送往鱼类和野生动植物管理局进行化验，发现鸟类尸体中有超过 90% 的狄氏剂或七氯残留物，浓度高达百万分之三十八。

北部繁殖的野鹬在路易斯安那州过冬，现在人们发现它们体内携带着火蚁毒药的残留。这种污染的来源很明确。野鹬以蚯蚓为食，经常用它们的长喙寻找蚯蚓。在对该地区喷洒后 6 到 10 个月，人们发现在路易斯安那州存活的蚯蚓组织中的七氯浓度高达百万分之二十。一年后，它们的浓度仍高达百万分之十。在防控火蚁的喷洒开始后的一个季节里，就可以看到幼鸟间接中毒致死的后果，即幼鸟与成鸟的比例显著下降。

对于南方的狩猎者来说，关于北美鹌鹑的消息最令人沮丧。这种在地面筑巢和觅食的鸟，在喷洒区几乎完全被消灭。例如，在亚拉巴马州，亚拉巴马州野生动植物合作研究小组的生物学家对喷洒的 3600 英亩地区的鹌鹑种群进行了初步普查。经统计，整个区域分布着 13 个群落（121 只鹌鹑）。喷洒两周后只能发现死去的鹌鹑。所有送往鱼类和野生动植物管理局进行化验的尸体中杀虫剂含量都足以导致其死亡。亚拉巴马州的发现在得克萨斯州也一样，那里有用七氯处理过的 2500 英亩土地，失去了所有的鹌鹑，90% 的鸣禽也消失了。同样，化验显示，死鸟组织中存有七氯。

除鹌鹑外，火蚁的防控喷洒还大大减少了野火鸡的数量。施用七氯之前，人们在亚拉巴马州威尔科克斯县的某个地区统计到了 80 只火鸡，但在喷洒后的夏天，除了一窝未孵化的蛋和一只死火鸡以外，没有发现任何火鸡。野火鸡可能遭受了与家禽相同的命运，因为在该地区用化学药物处理过的农场的火鸡也很少繁殖，几乎没有幼鸟存活。附近没有喷洒的区域并未发生这种情况。

火鸡的命运绝非唯一。克拉伦斯·科塔姆博士是国内最广为人知和受人尊敬的野生生物学家，他拜访了一些土地被喷洒的农民。除了指出"所有林中小鸟"在喷洒后几乎消失之外，其中大多数人还报告说死了牲畜、家禽和家庭宠物。科塔姆博士报告说，一名男子"对喷洒人员怒气冲冲"，他说，他埋葬或以其他方式处置了 19 具被毒药杀死的牛的尸体，他还知道有 3 或 4 头牛死于相同的原因。犊牛自出生以来只喝牛奶，也死了。

科塔姆博士所采访的人们对土地喷洒的几个月后发生的事情感到困惑。一位妇女告诉他，在周围土地被杀虫剂喷洒后，她放出几只母鸡，不理解的是很少有小鸡被孵化或幸存下来。另一位农民饲养了猪，并在猪场被化学药物喷洒后的整整 9 个月，他没有小猪可以饲养，因为小猪生下来就是死的，或是出生以后很快就死去了。另一个人也有类似的说法，他说，在可能存活多达 250 头幼仔的 37 胎中，只有 31 头小猪存活。由于土地被毒害，这个人到现在还无法养鸡。

农业部一直否认与火蚁计划有关的牲畜损失。但是，佐治亚州班布里奇的一名兽医奥迪斯·波特维特被要求治疗许多受影响的动物，他将动物的死亡归结于杀虫剂，总结了如下原因：在施用火蚁毒药后的两周至几个月内，牛、山羊、马、鸡、鸟和其他野生动植物开始患上神经系统的致命性疾病。被影响的是食用了被污染的食物或水的动物，圈养的动物没有受影响。这种情况仅在接受过火蚁防控处理的地区可见。疾病实验室的检查显示均为阴性。波特维特兽医和其他兽医观察到的症状在权威文章中被描述为狄氏剂或七氯中毒。

波特维特兽医还描述了一个有趣的案例，即一个两个月大的小牛表现出七氯中毒的症状。对其进行详尽试验后，唯一的重要发现是其脂肪中有百万分之七十九的七氯，但是这时距喷洒毒药已经过去 5 个月了。七氯是小牛直接从放牧中获取还是从母乳中甚至在出生前间接获取的呢？波特维特兽医问道："如果牛奶中有七氯，为什么不采取特别预防措施来保护喝牛奶的孩子不受当地奶牛场的影响？"

波特维特兽医的报告提出了有关牛奶污染的重大问题。火蚁防控计划中要喷药的区域主要是牧场和农田。在这些土地上吃草的奶牛又如何呢？在经过喷洒的牧场，草丛不可避免地会留有七氯残留物，如果这些残留物被奶牛吃掉，牛奶中就会有毒素。早在进行喷洒之前，1955 年就已经通过实验证明了七氯的这种直接传播途径，后来狄氏剂也被证明同样如此，但同样被用于火蚁的防控计划。

农业部的年度出版物现在将七氯和狄氏剂列为会导致饲料变得不适合喂食奶牛或待宰动物的化学药物之一，但该地区的防控部门仍在推广喷洒计划，将七氯和狄氏剂传播到南方大片放牧的地区。谁能保护消费者免受残留在牛奶中狄氏剂或七氯的侵害？美国农业部无疑会回答说，它已建议农民将奶牛驱离经过喷洒的牧场并隔离 30 到 90 天。鉴于许多农场的规模很小，而且该计划的防治规模又这样大（许多化学杀虫剂是用飞机喷洒的），人们是否遵循此建议是非常令人怀疑的。考虑到残留物的持久性，规定的期限也不够。

尽管美国食品药品监督管理局对于牛奶中存在某种杀虫剂残留的结果并不满意，但在这种情况下，他们的权力也很有限。在被火蚁防控计划囊括的大多数州中，乳制品行业规模很小，其产品不会越过州界销售。因此，联邦计划造成了危害牛奶供应的问题，而如何防治和保护的问题却交给了各州自己。1959 年，对亚拉巴马州、路易斯安那州和得克萨斯州的卫生官员或其他相关官员的询问显示，他们没有对牛奶进行任何测试，而且根本不知道牛奶是否被杀虫剂污染。

同时，在喷药计划启动之前而不是之后，对七氯的特殊性质已经进行了一些研究。也许说某人查阅了已经发表的研究会更准确，因为联邦政府喷洒计划带来危害的几年前，就已经发现基本事实了，并且应该影响该计划的最初制定。这个事实是，七氯在动物或植物的组织中或在土壤中停留较短时间，会呈现出毒性更大的形式——环氧七氯。环氧化物通常被描述为通过风化产生的"氧化物"。自 1952 年以来人们就知道了这种可能发生转化的事实，当时美国食品药物监督管理局发现，被喂食浓度为百万分之七十的七氯的雌性老鼠仅在 2 周后就在体内储存了浓度为百万分之一百六十五的毒性较高的环氧七氯。

这些事实可以在 1959 年生物学文献中找到，但是比较模糊，当时食品药物监督管理局采取了行动，以禁止食品中的七氯或其环氧化物的任何残留物的存在。该裁定在程序上至少设置了一个临时挡板。尽管农业部继续敦促其每年拨款以控制火蚁，但当地的农业代理商却不建议农民使用化学药物，因为这可能会导致其农作物无法销售。

简而言之，农业部甚至没有对所要使用的化学物质进行任何初步调查就着手进行喷洒计划，或者说即使进行了调查，也忽略了调查结果。它们没有进行初步研究以找到能够实现其防控目的的最小化学剂量。经过三年的大剂量使用，在 1959 年突然将七氯的施用量从每英亩 2 磅降低到 1.25 磅，后来减少到每英亩 0.5 磅，并分两次施用，每次 0.25 磅，间隔 3 至 6 个月。该部门的一位官员解释说，这是"积极进取的改进方案"，这说明小剂量的喷洒是有效的。如果在喷洒程序启动之前已经获得了这些信息，就可以避免大量损失，并且可以为纳税人节省很多资金。

从 1959 年开始，也许是为了平息对该计划日益增长的不满，美国农业部向得克萨斯州的土地所有者免费提供了化学药物，这些土地所有者要签署声明，免除联邦、州和地方政府对损失应负的责任。同年，亚拉巴马州对化学杀虫剂造成的损害感到震惊和愤怒，拒绝为该项目再拨款。一位当地官员将整个计划定性为"不明智的建议，仓促的构思，不周详的计划，以及在其他公共和私人权利上横行霸道的明显例子"。尽管缺乏州政府的资金支持，联邦资金仍继续流向亚拉巴马州，并在1961年再次说服立法机构给予少量拨款。同时，路易斯安那州的农民越来越不愿意同意该项目，因为显而易见的是，针对火蚁使用化学药物正在引起侵害甘蔗的昆虫的大量繁殖。而且，该计划显然没有任何作用。路易斯安那州立大学农业实验站的昆虫学研究主任纽塞姆博士在1962年春季做了简要总结："因此，由州和联邦机构实施的'消灭入侵火蚁'计划彻底失败。与该计划开始相比，路易斯安那州现在的虫害蔓延到了其他土地。"

似乎有了开始转向使用更为理智和保守方法的趋势。佛罗里达州报告说："现在佛罗里达州的火蚁数量比该计划开始时还多。"他们宣布放弃任何有关大面积根除计划的想法，而将精力集中在小范围控制上。

多年以来，有效且廉价的小范围控制方法为人们所熟悉，针对火蚁的筑巢习惯对单个蚁穴进行化学处理，这让事情变得简单，这种处理方式的成本约为每英亩1美元。针对蚁穴较多阻碍了农业机械的使用这一问题，密西西比州农业试验站开发出了一种耕田机，这种耕田机可以推平蚁穴，然后将化学药物直接施用到蚁穴上。该方法可控制百分之九十到百分之九十五的火蚁，它的成本仅为每英亩0.23美元。相较而言，农业部的喷洒计划成本约为每英亩3.50美元，这是最昂贵、最具破坏性和最无效的方法。

扫码领取
- 写作良方
- 知识汇总
- 好词佳句
- 名著音频

第十一章　超越波尔基亚人的梦想

名师导读

在生活中，我们在毫无所觉中接触着致命的化学物质，有时还在使用这些化学物质。为什么我们会认为这些致死性的化学物质出现在我们的生活中是理所当然的？它们会给我们的生活带来怎样的影响呢？我们应该如何对待这些化学物质呢？让我们来看看作者是怎样说的吧。

污染我们世界的不仅是大规模的喷洒。确实，对于我们大多数人来说，这比我们日复一日，年复一年地遭受的无数次小规模喷洒的伤害性要小。就像水滴石穿①，这种与危险化学物质从生到死的接触最终可能会造成灾难性的后果。这些反复暴露的每一次，无论多么轻微，都会促使化学物质在我们体内逐步积累，从而导致中毒。除非生活在想象中的最孤立的环境中，否则任何人都不会避免与这种扩散的污染物接触。普通市民被软推销和花言巧语哄骗，很少意识到自己周围的致命物质，他们可能根本没有意识到自己正在使用这些东西。

名师点评

形象地说明了人无法避免和污染物接触。

---

① 水滴石穿：水不停地滴，石头也能被滴穿。比喻只要有恒心，不断努力，事情就一定能成功。

广泛使用有毒物质的时代已经开始了，以至于任何人都可以走进商店，不用被询问任何问题，就可以购买可能需要在隔壁药房的有毒物品登记簿上登记后才能购买的比一般药物毒性大得多的化学药品。只要在任何一家超市进行几分钟的研究，其结论就足以吓倒最胆大的顾客，但前提是，他对所选择的化学药物有基本的了解。

如果在杀虫剂选购区上方悬挂一个巨大的骷髅和交叉骨的死亡标示，客户至少可以知道这些物质是致命的。但是取而代之的是，成排的杀虫剂以一种日常简单的方式被陈列出来，摆放在过道对面的是泡菜和橄榄，旁边是洗澡和洗衣的香皂，孩子们探索的小手可以轻松地触及玻璃容器中的化学药物。如果它们被儿童或粗心大意的成年人摔倒在地板上，附近的每个人都可能沾染这些会使他们中毒抽搐的化学药物。这些危险当然会跟随购买者进入他们的家中。一罐盛有滴滴涕防蠹物质的杀虫剂，在其上印有非常小的警告，警告其内容物处于受压状态，如果暴露于高温或明火下可能会爆裂。氯丹是一种常见的家用杀虫剂（包括在厨房中使用）。然而，美国食品药品监督管理局的首席药理学家宣称，居住在喷有氯丹的房屋中的危害"非常大"。其他家用杀虫剂还含有毒性更高的狄氏剂。

在厨房使用的化学药品被包装得既有吸引力又方便。白色或有色的厨房搁板纸可以在两侧都浸入杀虫剂。制造商向我们提供了有关如何自己动手消灭虫子的手册。像按按钮那样简单，就可以将狄氏剂喷到柜子、角落和护壁板上最难以接近的隐蔽处和缝隙里。

如果我们受到蚊子、沙蚤或其他害虫的困扰，我们可以选择各种乳液、面霜和喷雾剂，涂在衣物或皮肤上。尽管我们被警告说其中一些会溶解于清漆、油漆和合成纤维中，但我们仍然认为化学物质不能渗透人类的皮肤。为了确保我们时刻准备击败各种昆虫，纽约的一家高档商店推出了一种袖珍型杀虫剂喷雾瓶，可以放在钱包里带去海滩、高尔夫球场或放在钓鱼的装备里。

我们可以用有药的蜡打磨地板，以确保杀死在地板上面活动过的任何昆虫。我们可以将浸渍了林丹的胶条悬挂在壁橱和衣袋中，或者将它们放在我们的办公室抽屉中，以免于半年内担心虫蛀的危害。广告中没有暗示林丹是危险的。喷洒林丹雾气的电子设备的广告也没有，我们得知它是安全无味的。然而，事情的真相是，美国医学会认为林丹汽化器是如此危险，以至于在学报上对其进行了广泛的抨击。

农业部在《家庭和花园通报》中建议我们在衣物上喷洒滴滴涕、狄氏剂、氯丹或任何其他杀虫剂的油溶液。该部门说，如果过多地喷洒导致织物上出现白色的杀虫剂沉积物，则可以通过刷子将其清除，却没有告诫我们在哪里刷，怎么刷。我们免不了在充满狄氏剂的防虫毯下睡觉，无法阻隔我们与杀虫剂的接触。

园艺现已与超级毒药紧密相连。每个五金店、园艺商店和超市都有成排的为园艺工作提供各种必需的杀虫剂。那些未能广泛使用这种致死性喷雾剂和粉剂的人，已经跟不上时代了，因为几乎每份报纸的花园版和大多数园艺杂志都将其使用视为理所当然[①]。

急性致死的有机磷杀虫剂也广泛应用于草坪和观赏

---

① 理所当然：按道理应当这样。

名师点评

领起下文。

名师点评

揭示了防护措施的缺少和接触毒药的轻易性。

思考探究

想一想，现在我们国家的水域污染是不是也是这个原因？

名师点评

用医生的例子，形象且有力地说明了化学药物对人类的危害。

植物，1960 年，佛罗里达州卫生委员会认为有必要禁止居住在该地区的任何人在没有获得许可证并满足某些要求的情况下，在住宅区使用杀虫剂。在实施该法规之前，佛罗里达州发生了许多因对硫磷中毒致死事件。

虽然采取了一点措施来警告正在接触极其危险的药物的园丁或房主。然而，不断涌现的新工具使在草坪和花园中喷药变得更容易，这反而增加了园丁与毒药的接触频次。例如，人们可能会用一个罐子式的附件安装在花园软管上，通过这种附件将一种非常危险的化学药物（如氯丹或狄氏剂）喷洒到草坪上。这样的装置不仅对使用软管的人有危害，而且也是对公众的威胁。《纽约时报》发现有必要在花园页面上发出警告，警告说，除非安装了特殊的保护装置，否则毒物可能会通过虹吸效应进入供水系统。考虑到正在使用的此类设备的数量以及此类警告的稀缺性，我们是否需要想一想为什么我们的公共水域会受到污染？

举一个园丁本人可能发生的情况为例，我们可以看一个医生的案例——一个热心的业余园丁，他开始使用滴滴涕，然后每周定期在灌木和草坪上使用马拉硫磷。有时他用手喷洒化学药物，有时将其附着在软管上。为此，他的皮肤和衣服经常被喷雾浸湿。经过大约一年的时间，他突然昏倒并进了医院。他的脂肪活检标本显示，其滴滴涕的累积量为百万分之二十三。神经损伤严重，他的医生认为这是永久性的。随着时间的流逝，他的体重减轻，极度疲劳，并出现了肌肉无力症状，这是马拉硫磷的一种特有危害。所有这些持久的影响都非常严重，以至于他已经无法再工作了。

除了曾经被认为是无害的花园喷头外，机动割草机还配备了用于喷洒杀虫剂的装置，这种装置能在房主割草时喷出雾状杀虫剂。因此，杀虫剂的细碎颗粒混合在有潜在危险的割草机废气中。毫无戒心①的郊区居民已经采用了这种方式割草机，这使空气污染水平升级了，几乎没有几个城市可以与之相比。

　　然而，很少有人知道使用化学药品从事园艺或在家中使用杀虫剂这一"新风尚"的危害。标签上的警告打印得太小了，根本不起眼，几乎没有人会阅读或遵守它们。一家工业公司最近调查有多少人重视这些警告。调查结果表明，在使用杀虫剂和喷雾剂的 100 个人中，只有不到 15 个人知道容器上的警告。

　　现在，郊区的居民习惯于不惜任何代价清除杂草。装有化学除草剂的麻袋几乎已成为一种地位象征。这些除草剂以从未暗示其身份或性质的商标名称出售。要了解它们含有氯丹还是狄氏剂，必须仔细阅读袋上最不显眼的小标记。很少能在五金店或花园供应商店中找到揭示、处理或使用该材料所涉及的真正危害的描述性文字。取而代之的是，典型的插图描绘了一个幸福的家庭场景，父亲和儿子笑着准备将化学药物喷洒在草坪上，小孩带着狗在草地上翻滚。

　　我们食物中的化学残留物是一个备受争议的问题。此类残留物的存在要么被业界认为不重要，要么被断然否定。同时，极有可能把要求食物中不含杀虫剂的人都看成狂热者或邪教人员。在重重疑云之中，事实到底是什么？

　　在医学上已经确定，常识可以告诉我们，在滴滴涕

---

① 戒心：戒备之心，警惕心。

名师点评

准确地说明了人们对化学毒剂性质的不了解。

思考探究

你见过类似的广告方式吗？举几个例子。

名师点评

用提问的方式引发人们思考。

名师点评

运用对比和具体的数字展示毒素在人体中的积累。

思考探究

这个结论说明了什么？

名师点评

说明残留物的顽固。我们不禁产生疑问：我们还有办法得到安全的食物吗？

思考探究

为什么令人丧气？

时代（大约1942年）来临之前，人体组织中不含任何滴滴涕或类似物质。如第三章所述，从1954年至1956年的一般人群中采集的身体脂肪样本中平均含有百万分之五点三至百万分之七点四的滴滴涕。有证据表明，自那时以来，平均水平已持续上升到一个较高的数字，特殊职业或其他接触杀虫剂的人当然会储存更多。

在没有遭受到大规模杀虫剂污染的一般人群中，可以假设储存在脂肪中的许多滴滴涕是通过食物进入人体的。为了检验这一假设，美国公共卫生署的一个科学小组对餐厅和公共机构的膳食进行了采样，采样的每餐都含有滴滴涕。据此，研究人员得出了足够合理的结论，即"几乎没有任何食物完全不含滴滴涕"。

这些食物的数量可能很多。在另一项公共卫生署的研究中，对监狱膳食的分析揭示了诸如含有百万分之六十九点六滴滴涕的炖干果和百万分之一百点九的滴滴涕的面包等这样的问题！

在普通家庭的饮食中，肉和任何源自动物脂肪的产品均含有最重的氯化烃残留物。这是因为这些化学物质可溶于脂肪。水果和蔬菜上的残留物往往少一些，这些不能被洗掉，唯一的补救方法是去除并丢弃生菜或卷心菜等蔬菜的所有外部叶子，剥去水果的果皮，并且不得使用果皮或外壳。因为即使烹饪也不会破坏残留物。

牛奶是美国食品药品监督管理局规定不允许残留杀虫剂的少数食物之一。但是实际上，每当进行检查时就会出现残留物。它们在黄油和其他人造乳制品中含量最重。1960年对此类产品的461个样品进行了检查，结果表明其中三分之一含有残留物，美国食品药品监督管理局将其描述为"令人丧气的"。

要找到一种不含滴滴涕和相关化学物质的食物，似乎必须去一个偏远原始的地方，那里仍然缺乏文明的便利设施。在遥远的阿拉斯加北极海岸上似乎有着这样的地方，即使在那儿也可能会看到污染的踪影。当科学家调查该地区爱斯基摩人的天然饮食时，发现其中不含杀虫剂。到目前为止，新鲜和干的鱼；海狸、白鲸、北美驯鹿、驼鹿、麋、北极熊和海象中的脂肪、油或肉；蔓越莓、鲑鱼莓和野大黄都没有受到污染。仅有一个例外——来自霍普角的两只白猫头鹰携带少量滴滴涕，这也许是在某些迁徙过程中获得的。

当对爱斯基摩人的脂肪样本进行抽样分析时，发现了少量的滴滴涕残留（零至百万分之一点九），原因很明确，脂肪样本是从离开家乡村庄进入安克雷奇美国公共卫生署医院接受手术的人中采集的。那里现代文明盛行，这家医院的饭菜含有与人口最多的城市一样多的滴滴涕。由于他们在文明世界中的短暂停留，爱斯基摩人遭受了有毒食物的污染。

我们每顿饭都含有一定量的氯化烃，这是因为农作物几乎普遍被喷了杀虫剂。如果农民严格遵守标签上的说明，那么他使用的杀虫剂将不会产生超过食品药物监督管理局允许的残留量。暂时不考虑这些合法剂量的残留物是否像说的那样是"安全"的，但有一个众所周知[1]的事实，即农民经常临近收获时使用超过规定剂量的化学药物，可能的话还会使用好几种杀虫剂，其实用一种就足够了，这是人类不屑于阅读那些杀虫剂上用药说明的另一个体现。

名师点评

举出没有受到污染的地方，说明污染几乎无处不在。

---

① 众所周知：大家普遍知道的。

甚至化学工业也认识到对农民进行教育以防止他们经常滥用杀虫剂的必要性。其主要的商业杂志最近宣布：许多用户似乎不了解，如果他们使用比建议剂量更高的剂量，可能会超出杀虫剂的耐受性。而且，在农作物上随意使用杀虫剂可能是基于农民的异想天开①。

食品药品监督管理局的档案中包含了这样的令人不安的违规记录。举几个例子可以说明对使用说明的漠视：一个种生菜的农民在收获后的短时间内对农作物施用了不是一种而是八种不同的杀虫剂，一名发货人对芹菜使用了致命的对硫磷，其剂量为建议量的五倍。尽管不允许在叶片上残留杀虫剂，种植者还是在生菜上使用了安德萘（在所有氯化烃中毒性最大的杀虫剂），还在收获前一周用滴滴涕喷洒菠菜。

也有偶然或意外污染的情况。比如，装在麻袋中的大量生咖啡在运输时也被载有杀虫剂货物的容器污染。仓库中的包装食品被滴滴涕、林丹和其他杀虫剂反复喷雾，这些渗透剂可能会穿透包装材料，并在所包装的食品中达到一定的剂量。食物储存的时间越长，污染的危险就越大。

对于"但是政府难道不能保护我们免受此类事物的侵害吗？"这个问题的答案是"仅在有限的范围内"。食品药品监督管理局在保护消费者免受杀虫剂危害的活动受到两个方面的严重限制。首先，它仅对州际贸易中运输的食品具有管辖权，不管发生什么违法行为，在一个州内种植和销售的食品完全不在其职权范围之内。第二个至关重要的局限性是其负责检查的工作人员很少，

① 异想天开：指想法很不切实际，非常奇怪。

担任各项工作的人员加起来还不到 600。根据食品药品监督管理局官员的说法，只能使用现有设施检查在州际贸易中运输的极少数产品（远低于 1%），这不具有统计意义。至于在州内生产和销售的食品，情况甚至更糟，因为大多数州严重缺乏在该领域的法律法规。

美国食品药品监督管理局建立的允许污染极限存在最大值的系统称为"容许值"，它存在明显缺陷。在当前条件下，它仅是一纸空文①，并产生一种完全不合理的假象，即安全限制已经建立并被遵守。关于允许在我们的食物上残留一点点杀虫剂的安全性，许多人出于极具说服力的理由争辩，食物上没有毒素或没有人愿意上面有毒素。在设置容许值标准时，食品药品监督管理局会审查对实验动物的毒物测试，然后确定污染的最大容许值，该水平远低于在测试动物中产生症状所需的剂量。应当确保安全的这一系统忽略了许多重要事实，实验动物生活在受控和高度人工控制条件下，消耗一定量的特定化学物质，与人类接触杀虫剂的方式不一样，后者的接触方式是多种多样的，而且大部分是未知的，无法测量的和不可控制的。即使午餐沙拉中生菜的滴滴涕含量达到百万分之七，也算是"安全"食物，但是人类还吃其他食物，每种食物中都含有允许的药物残留物，而且正如我们所见，食物中的杀虫剂仅占一部分，甚至可能占总曝光量的一小部分。许多不同来源的化学品的堆积会造成无法计算的总量。因此，谈论任何特定数量的残留物的"安全性"是没有意义的。

还有其他问题。有时容许值是在违背食品药品监督管理局科学家的判断，或者是在对相关化学物质了解

① 一纸空文：只是写在纸上没有兑现或不能兑现的东西。

不足的基础上建立的。更多的信息导致后来降低或撤销了这种容许值的做法，但这时公众已经暴露于公认的危险剂量的化学品中数月或数年了。之前曾给七氯定了一个容许值，但后来不得不撤销了。对于某些化学品，在注册使用之前，不存在实际的现场分析方法。因此，检查人员对寻找药物残留感到沮丧。这一困难极大地阻碍了对蔓越莓药剂氨基噻唑的残毒检查工作。对于用于处理种子的常用杀菌剂，也缺乏分析方法。如果种子在播种季节结束时还没有使用，则很有可能会成为人类的食物。

然而，事实上建立容许值就是授权有毒化学物质污染公共食品供应，使农民和加工者可以享受廉价生产的好处，然后通过向消费者征税以维持其监察工作以确定消费者不会受到致命剂量的威胁。但是，考虑到目前杀虫剂的数量和毒性，监察工作的执行将花费很多资金，超过了任何立法者同意拨付的金额。因此，最终不幸的消费者不但要缴税，而且还不得不摄入毒药。

解决办法是什么？第一条件是消除对氯化烃、有机磷基团和其他剧毒化学品的容许值这一设定。但是这一建议立即遭到反对，因为这将给农民带来无法承受的负担。如果按照现在的可预期目标使用化学品，则在多种水果和蔬菜上的残留量仅为百万分之七（滴滴涕的容许值）或百万分之一（对硫磷的容许值），或百万分之零点一（狄氏剂容许值），那为什么不可以稍加注意完全防止残留物出现呢？实际上，现在对某些农作物中某些化学药物（例如七氯、安德萘和狄氏剂）正是这样要求的。如果在这些情况下可行，其他情况难道不行吗？

但这不是一个完美或最终的解决方案，因为写在纸

名师点评

说明了容许值的不合理。

名师点评

揭示建立容许值的实质。

名师点评

引出下文对解决办法的论述。

上的容许值几乎没有价值。正如我们所看到的，目前，州际食品运输中超过99%的货物未经检查就流出了。另一个是急需有谨慎和积极工作态度的食品药品监督管理局，并大大增加检查人员。

但是，这种系统（故意使食物含有有毒化学药物，然后控制管理）使人想起了刘易斯·卡罗尔的白骑士，他曾想过"把胡须染成绿色，并用一把大扇子遮住，胡须就不会被看见"。最终的答案就是使用毒性较小的化学药物，以便大大减少因滥用化学药物而造成的公共危害。这些化学物质已经存在：除虫菊酯、鱼藤酮、鱼尼汀和其他源自植物的化学物质。近年来，除虫菊酯的合成替代品已经开发出来，一些生产国随时准备根据市场需求增加产量。令人遗憾的是，对所出售化学品的性质进行公众教育是必要的。普通的购买者被各种可用的杀虫剂、杀菌剂和除草剂搞得眼花缭乱，没有办法知道哪些是致命的，哪些是安全的。

除了将这种现状转变为使用危害较小的农业杀虫剂外，我们还应努力探索非化学方法的可能性。在加利福尼亚人们进行了尝试，对特定昆虫具有高度专一性的细菌引起的昆虫疾病在农业上的使用，以及该方法的更广泛的测试正在进行中。还有许多其他方法可以有效地控制昆虫，这些方法将不会在食物上留下任何残留物（请参阅第十七章）。在这些方法没有大规模代替现有方法之前，对于任何常识性标准都无法容忍的情况下，我们仍倍感压力。就目前情况而言，我们所处的情况比波尔基亚的客人要好得多。

（思考探究）
这个说法可以用哪个成语来代替？

（名师点评）
作者指出了研究方向。

阅读鉴赏

在本章节中，作者详细论述了化学药物对人类生活产生的严重影响。逻辑极为严密，首先说明化学药物在生活中无处不在，然后说明了使用化学药物对人造成的各种危害，最后提出了几种预防的方法。

知识拓展

波尔基亚：意大利 15 世纪的一个有名家族。这个家族的成员在争权夺利的斗争中广泛使用把毒药放在食物里的办法暗害自己的对手。

考题链接

1.下列词语解释有误的一项是（　　　　）。

A.诘难：诘问，为难。

B.翩然：动作轻快的样子。

C.无济于事：比喻对解决问题没有什么用处。

D.众目睽睽：形容大家因惊惧或无可奈何而互相望着。

2.下列句子没有语病的一项是（　　　　）。

A.经过三年的使用，迎宾大道出现了路面坑陷、井盖松动和路灯损坏等问题。

B.《中国诗词大会》这个节目对我非常熟悉，因为我每期必看。

C.是否选择使用含有滴滴涕的杀虫剂，是衡量现代人对自己负责的重要标准。

D.通过在遂宁观音湖举办的以"七彩龙舟跃涪江·绿色宁立潮头"为主题的 2019 年中国龙舟公开赛（四川·遂宁站），吸引了 10 万观众前来寻找久违的龙舟记忆。

第十二章　人类的代价

名师导读

化学物质遍布我们生存的世界，给我们的健康带来很多问题。但是，这些物品的危害在大多数的时候不是立刻显现的，而是在积累了一段时间后，在某个因素下突然爆发，从而给人们带来巨大的痛苦甚至死亡。让我们来看一看作者的描述吧。

随着工业时代的化学品浪潮席卷我们的环境，最严重的公共卫生问题的性质已经发生了巨变。直到昨天，人类还在惧怕曾经席卷各国的天花、霍乱和鼠疫等祸害。现在，我们的主要关注点不再是曾经无所不在的疾病。优良的卫生环境，更好的生活条件和新型药物，使我们对传染病有了高度的控制。今天，我们担心潜伏在环境中的另一种危害——随着现代生活方式的发展，我们已引狼入室。

新的环境健康问题多种多样，一是由各种形式的辐射造成的，二是源于无止境的化学物质（农药是其中的一部分）不断被生产出来，这些化学物质如今遍及我们生活的世界，直接或间接地影响着我们。这些化学物质投下了不祥的阴影，它是无形的、晦涩的、令人恐惧的，因为根本不可能预测这些化学和物理作用物对人类一生的影响，而这些作用物是在人类生物学经验之外的。

美国公共卫生署的戴维·普赖斯博士说："我们所有人都生活在一种恐惧中，即某些事物可能会破坏环境，使人类像恐龙一样成为被淘汰的生物。"更令人不安的是，我们的命运可能在症状出现前20年甚至更早就已经被决定了。

环境疾病中，农药扮演了什么角色？我们已经看到它们污染了土壤、水和食物，它们使我们的溪流没有了鱼，我们的花园和林地没有了鸟。人，无论如何掩饰，其实都是属于自然的，能逃脱现在如此彻底地分布在我们周围的污染吗？

我们知道，人即使单次暴露于这些化学物质中，如果剂量足够大，也会急性中毒。但这不是主要问题。农民、喷药人、飞行员和其他暴露于大量农药中的人的突然生病或死亡是不应该发生的悲剧。对于所有人来说，污染我们环境的、少量的不被察觉的农药所带来的延迟影响，更加值得我们关注。

有责任心的公共卫生官员指出，化学品的生物效应在很长一段时间内累积，对个人的危害可能取决于他一生中所接触剂量的总和。由于这些原因，危险很容易被忽略。人类的天性就是轻视对我们来说是未来灾难的不明确的威胁。一位明智的医生莱因·达宝斯说："人类只对明显的重大疾病印象深刻，但是一些厉害的敌人却偷偷摸摸地向他们袭来。"

对于我们每个人而言，密歇根州的北美知更鸟或米拉米奇河的鲑鱼，都是相互关联、相互依存的生态问题。我们毒死了溪流上的飞虫，溪流中的鲑鱼便逐渐减少并死亡。我们使湖中的蚊蚋中毒，毒物就在食物链的各个环节之间传播，不久湖边的鸟类便成为受害者。我们喷洒榆树，随后的春天便没有了知更鸟的歌声，这不是因为我们直接喷洒了知更鸟，而是因为毒药一步一步地走过了榆树叶—蚯蚓—知更鸟这样一个循环。这些是有记录的，可以观察的，是我们周围可见世界的一部分。它们反映了生命或死亡的联系网，科学家将其称为生态学。

但是，我们的体内也存在着生态学。在这个看不见的世界里，很小的诱因会造成巨大的影响。而且，这种作用似乎与病因无关，出现的身体部位离最初遭受伤害的地方很远。最近医学研究现状的一个总结说："某一小点甚至一个分子的变化可能会在整个系统中回响，从而引发看似无关的器官和组织发生病变。"当人们关注人体的神秘和奇妙的功能时，因果关系很少被简单且容易地证明，它们在空间和时间上可能被广泛地分开。要发现疾病和死亡的病因，取决于是否将许多看似截然不同且无关的事实结合在一起，这些事实是通过在众多领域进行大量研究得出的。

我们习惯于寻求明显和直接的效果，而忽略所有其他情况。除非这种情况迅速出现并且以不容忽视的显著形式出现，否则我们便不觉得危险。即使是研究人员也遭受着这种困扰，缺乏足够精细的方法使研究人员在症状出现之前便检测出损害，是医学上尚未解决的一大问题。

但是有人会反对："我在草坪上多次使用狄氏剂喷雾，但我从未像世界卫生组织的喷药人一样发生过抽搐，因此它并没有伤害我。"事实并非如此简单。尽管没有突然和剧烈的症状，但处理此类物质的人无疑会在自己的体内储存有毒物质。如我们所见，氯化烃的储存是从最小的摄入量开始累积的。有毒物质沉积在体内所有脂肪中。当人们利用这些脂肪储备时，可能会迅速中毒。新西兰医学杂志最近提供了一个例子。一名接受肥胖治疗的男子突然出现中毒症状。经检查，他的脂肪中含有储存的狄氏剂，狄氏剂在体重减轻时被代谢吸收。因为生病而减轻体重，也可能会发生同样的事情。

另一方面，毒物的积累可能不那么明显。几年前《美国医学学会杂志》对杀虫剂储存在脂肪组织中的危害发出强烈警告，并指出，与不会在组织中储存的药物或化学药品相比，累积性的药物或化学药品更加需要谨慎对待。我们被警告说，脂肪组织不仅是脂肪沉积的地方（占体重的百分之十八），而且还具有许多重要的功能，而储存的毒物会影响这些功能。此外，脂肪非常广泛地分布在全身的器官和组织中，甚至还是细胞膜的组成部分。因此，重要的是，脂溶性杀虫剂会储存在单个细胞中，在那里它们会干扰最重要的氧化和产生能量的功能。这一问题的重要性将在下一章中讨论。

关于氯化烃杀虫剂的最重要事实之一就是它们对肝脏的影响。在人体所有器官中，肝脏是最特别的。它有多种功能，而且是不可或缺的。它负责许多重要的机体功能，即使对它的丝毫破坏也会带来严重的后果。它不仅为脂肪的消化提供胆汁，而且由于其位置和汇聚在其上的特殊循环途径，肝脏直接从消化道吸收血液，并深入参与所有主要食品的代谢。它以糖原的形式存储糖分，并且严格定量葡萄糖的释放，以将血糖保持在正常水平。它合成体内蛋白质，包括与血液凝结有关的血浆的某些必需成分。它可以使血浆中的胆固醇保持在适当的水平，并在雄性和雌性激素水平过高时使其激素失去活性。它是许多维生素的仓库，其中的一些维生素又有助于肝脏自身的正常运转。

没有正常运转的肝脏，人体将无法保护自己，无法防御不断入侵的各种毒物。其中一些毒物是正常代谢的副产物，肝脏通过吸收氮迅速而有效地使它们无害。一些外来的毒药也可以被肝脏排掉。"无害"杀虫剂马拉硫磷和甲基氯氧化物的毒性比它们的亲族低，是因为肝脏酶处理了它们，改变了它们的分子，从而降低了它们的伤害能力。肝脏以类似的方式处理我们所接触的大部分有毒物质。

我们抵御来自内部的有毒物质或多种有毒物质的防御线现在已被削弱并不断崩溃。被农药破坏的肝脏不仅不能保护我们免受毒物侵害，而且其多方面的作用都可能受到损害。后果不仅影响深远，而且由于其变化多样又不会立即显现出来，可能很难找到其真正原因。

现在人们普遍使用损害肝脏的杀虫剂，我们发现肝炎发病率的急剧上升始于20世纪50年代，且病患数一直在波动中攀升。据说肝硬化病例也在增加。尽管想在人体内证明原因A导致结果B要比在动物实验中难很多，但常识表明，肝脏疾病的高发率与环境中损害肝脏的杀虫剂的流行之间的关联不是巧合。不管氯化碳氢化合物是否是主要原因，在这种情况下，将自己暴露于会破坏肝脏并可能使其对疾病的抵抗力降低的化学药品之中，似乎并不明智。

两种主要的杀虫剂，氯化碳氢化合物和有机磷酸酯，都以不同的方式直接影响神经系统。很多动物实验以及对人类受试者的观察已经清楚地表明了这一点。至于滴滴涕，第一种被广泛使用的新型有机杀虫剂，主要是对人的中枢神经系统有影响。小脑和高级运动神经外鞘被认为是主要受影响的区域。根据标准毒理学教科书，暴露于明显剂量后，可能会出现刺痛、灼痛或瘙痒等异常感觉，以及震颤甚至抽搐等症状。

几名英国调查人员使我们对滴滴涕急性中毒症状有了最初了解，他们故意把自己暴露在农药中以了解中毒后果。英国皇家海军生理实验室的两位科学家通过直接与覆盖有2％滴滴涕的水溶性油漆涂过的墙壁的皮肤接触来吸收滴滴涕，这里的滴滴涕通过一层油膜被涂上去。他们对症状的描述清楚地表明了滴滴涕对神经系统的直接影响："四肢疲倦，沉重和酸痛是非常真实的事情，精神很困顿……极度易怒……非常讨厌做任何工作，在处理最简单的脑力工作时感到无能为力。有时关节疼痛非常剧烈。"

另一位在丙酮溶液中将滴滴涕涂在皮肤上的英国实验人员报告，他感到四肢沉重，疼痛，肌肉无力和"极度紧张的痉挛"。他休假以后又有了改善，但恢复工作以后状况又恶化了。然后，他在床上度过了三个星期，四肢酸痛、失眠、神经紧张，并伴有极度焦虑，这使他痛苦不堪。有时候，他的整个身体会震颤——类似被滴滴涕毒死的鸟类，这种震颤现在变得太熟悉了。实验者有10周的时间没有工作，一年后，当英国医学杂志报道了他的病例时，他还没有康复。（除了这些证据，几名美国研究人员也对志愿者进行了滴滴涕试验，他们把志愿者对头痛和"每根骨头疼痛"的抱怨归因于"源于精神性的神经症"。）

现在许多记录表明，杀虫剂是这些症状和疾病过程的病因。通常，此类受害者已知接触过一种杀虫剂，其症状在治疗中得到了缓解，包括从其环境中排除所有杀虫剂，最重要的是，每次与有害化学物质再次接触后，其症状都会复发。这种证据构成了许多其他疾病中大量药物治疗的基础。这些证据警告我们，明知农药的危害却冒着危险把我们的环境浸透在农药中，这完全没有道理。

为什么每个人在处理和使用杀虫剂时都不会出现相同的症状？这里涉及个人敏感性问题。有证据表明，女性比男性更容易受伤害，青少年比成年人更容易受感染，在室内久坐不动的人比在露天工作或锻炼的人更敏感。除了这些差异外，其他差异同样是真实的，因为它们是没有规律的。一个人对尘土或花粉过敏，对毒物敏感或容易受感染而另一个人不敏感的医学奥秘目前尚无解释。但是，这个问题仍然存在，并且影响了很多人。一些医生估计他们的患者中有三分之一或更多的人表现出某种形式的过敏，而且这一数字正在增加。不幸的是，以前不过敏的人可能会突然变得开始过敏。实际上，一些医务人员认为，间歇性地接触化学物质可能会产生这种结果。如果这是真实的，那可以解释为什么在因为职业而暴露在农药中的人的一些研究中，很少发现有中毒迹象的证据。通过不断地与化学物质接触，这些人让自己保持脱敏状态——过敏者通过反复少量摄入致敏物而使其不再过敏。

农药中毒的整个问题由于以下事实而变得极为复杂：与在严格控制的条件下生活的实验室动物不同，人类永远不会单独接触某一种化学物质。在主要的杀虫剂之间，以及与其他化学物质之间，存在相互作用的可能性很大。这些无关的化学物质，无论是释放到土壤、水还是人的血液中，都不会分离。神秘而又看不见的变化使一种杀虫剂改变了另一种杀虫剂的危害力。

通常认为两种完全不同的杀虫剂之间也可能存在相互作用。如果人体首先接触会伤害肝脏的氯化烃，有机磷酸酯（损害保护神经的胆碱酯酶）的毒性可能会增加。这是因为，当肝功能受到干扰时，胆碱酯酶水平会降至正常水平以下。然后，有机磷酸酯增加的抑制作用可能引起急性症状。正如我们所看到的那样，成对的有机磷酸酯本身可能会相互作用，从而将其毒性增加100倍。或者有机磷酸酯可能与各种药物或合成物、食品添加剂发生相互作用，我们的世界遍布无数种人造物质，谁知道有机磷酸酯会不会和这些人造物质相互作用呢？

一种本质上无害的化学物质的作用可以通过另一种物质的作用而彻底改变。一个最好的例子是被称为甲基氯氧化物的滴滴涕的近亲。（实际上，甲基氯氧化物并不像通常所说的那样不具有危险，因为最近对实验动物的研究显示出，它会对子宫产生直接作用，对某些有用的垂体激素具有阻断作用，这再次提醒我们，这些是有巨大生物效应的化学物质。其他研究表明，甲基氯氧化物具有破坏肾脏的潜在能力。）由于单独摄入的甲基氯氧化物不会大量在体内储存，我们被告知甲基氯氧化物是安全的化学物质，但这不一定是正确的。如果肝脏已被另一种药物破坏，甲基氯氧化物会以正常速率的100倍储存在体内，然后会模仿滴滴涕的作用对神经系统产生长期影响。然而，造成这种情况的肝脏损害可能微乎其微，因此很难被察觉。这可能也是许多常见情况中的一种结果——使用其他杀虫剂，使用包含四氯化碳的清洁液或服用一种所谓的镇静药，其中许多（但不是全部）是氯化烃类，它们具有破坏肝脏的力量。

对神经系统的损害不仅仅限于急性中毒。遭受暴露以后也可能会有遗留的影响。据报道甲基氯氧化物及其他化学物质对大脑或神经有长期的损害。狄氏剂除了会立即导致后果外，还会造成长期遗留的影响，从"记忆力减退、失眠、做噩梦到躁狂"。根据医学发现，林丹大量储存在大脑和正常运作的肝组织中，并可能引起"对中枢神经系统的深远而持久的影响"。然而，这种化学物质（六氯化苯的一种形式）已广泛用于汽化器中，这种设备将挥发的杀虫剂蒸气流入家庭、办公室、饭店。

通常想到有机磷酸酯，我们认为它只会引起剧烈急性中毒，然而它也会对神经组织造成持久的物理损伤，并且根据最近的研究发现，还可以诱发精神障碍。在使用这种或那种的杀虫剂之后，出现了各种遗留麻痹症的情况。在1930年左右的禁酒令时代，美国发生了一件奇怪的事，这对即将发生的事情是一个预兆。它不是由杀虫剂引起的，而是由化学上与有机磷酸酯杀虫剂属于同一族的物质引起的。在此期间，一些药用物质被用作酒类的替代品，不受禁令的约束。其中之一是牙买加姜汁酒。但是美国药典上记载的牙买加姜价格昂贵，而走私者想到了制作牙买加姜替代品的想法。他们取得了很大的成功，以至于他们的伪造产品通过了一些化学测试，并欺骗了政府的化学家。为了给假姜提供必要的气味，他们引入了一种被称为磷酸三原甲酚酯的化学品。这种化学物质像对硫磷及其亲族一样，会破坏保护性胆碱酯酶。喝了伪造产品后，约有1.5万人出现了腿部肌肉永久性瘫痪，这种状况现在被称为"姜麻痹"。麻痹伴随着神经鞘的破坏和脊髓前角细胞的退化。

大约20年后，正如我们所见，其他各种有机磷酸酯也被用作杀虫剂，不久便开始出现类似"姜麻痹"的病例。一个病例是德国的温室工人，他在使用对硫磷后，几次出现轻度中毒症状，几个月后就瘫痪了。然后，由三名化工厂工作人员组成的小组因接触其他杀虫剂而引起急性中毒。他们在接受治疗以后康复了，但 10 天后，其中两人出现了腿部肌肉无力的症状，这持续了10 个月。另一位是一名年轻的女化学家，她受到严重影响，双腿瘫痪，手和手臂也受到牵连。两年后，当她的病例出现在医学杂志上时，她仍然无法走路。

应该对这些案件负责的杀虫剂已从市场上撤回，但现在正在使用的某些杀虫剂可能会造成同样的伤害。马拉硫磷（其深受园丁们的喜爱）在对鸡的实验中引起了严重的肌肉无力，这是由于坐骨神经和脊神经鞘受到破坏（如姜麻痹）。有机磷中毒的所有这些后果，如果没有引起死亡，可能是雪上加霜的前奏。考虑到它们对神经系统造成的严重损害，这些杀虫剂最终会不可避免地与精神疾病联系在一起。墨尔本大学和墨尔本亨利王子医院的研究人员最近揭示了这种联系，他们报告了 16 例精神疾病。所有人都曾长期接触有机磷杀虫剂，有 3 位是检查喷雾剂功效的科学家，有 8 名在温室工作，还有5 名是农场工人。他们的症状包括记忆力减退、精神分裂症和抑郁反应。他们长期使用的农药像飞旋镖一样反过来伤害了他们，在此之前，所有人的体检记录都是正常的。

如我们所见，这种类似现象在医学文献随处可见，有时是氯化烃，有时是有机磷酸酯。混乱、妄想、记忆力减退、躁狂症是人类为暂时消灭一些昆虫而付出的沉重代价，只要我们还在使用直接袭击神经系统的化学物质，我们将继续为此付出代价。

第十三章　通过狭窄的窗户

名师导读

人类的身体是由细胞组成的。细胞内部是如何运作的呢？杀虫剂等化学物质进入细胞后会带来哪些影响呢？在本章节中，作者从微观层面说明了杀虫剂对人体的巨大影响。让我们来看一看吧。

生物学家乔治·沃尔德曾经将他的一项非常特殊的课题，即对眼睛的视觉色素研究，比作是"一个非常狭窄的窗户，在一段距离内，人们只能通过它看到一道光线"。靠得越来越近，视野就变得越来越宽，直到最后，通过这个狭窄的窗户，人们可以注视整个宇宙。

因此，只有当我们专注于身体的单个细胞，然后是细胞内的微小结构，最后是这些结构内分子的最基础反应时，我们才能理解随意将外部化学品引入人体内部环境所产生的最严重和最深远的影响。直到最近，医学研究才转向单个细胞产生能量的功能。人体能量产生的非凡机制不仅对健康至关重要，而且对生命也至关重要。它甚至超越了最关键器官的重要性，因为如果没有平稳有效的能量产生氧化作用，人体的任何功能都无法实现。然而，许多用于抵御昆虫、啮齿动物和杂草的化学物质可能会直接破坏该系统，从而扰乱了其完美的运转

思考探究

这个比喻非常形象，想一想，你还可以用其他的方式来形容吗？

名师点评

说明研究细胞极其重要。

机制。

所有生物学和生物化学领域最令人印象深刻的成就之一，就是我们当前对细胞氧化的研究。这项工作的贡献者名单包括许多诺贝尔奖获得者，它依靠一些基础甚至更早的研究，已经一步步进行了 25 年，直到现在还有一些细节有待深究。而且，仅在过去 10 年中，所有不同的研究成果才形成一个整体，从而使生物氧化成为生物学家常识的一部分。更为重要的是，在 1950 年之前接受过基础培训的医务人员几乎没有机会认识它至关重要以及破坏它的危害。

名师点评

说明医务人员缺乏该类知识。

能量产生的过程不是在任何专门的器官中完成的，而是在人体的每个细胞中完成的。活细胞像火焰一样燃烧燃料以产生生命所依赖的能量。这种类比很诗意，但是不够精确，因为细胞仅用人体正常温度的热量即可完成其"燃烧"。然而，所有这些数十亿个轻柔燃烧的小火苗都激发着生命的能量。化学家尤金·拉比诺维奇说，一旦它们停止燃烧，"心脏无法跳动，任何植物都无法克服重力而向上生长，变形虫不会游泳，神经无法感觉到速度，人脑也不会闪烁出思想"。

名师点评

引用专业人士的说法，使论据更具有权威性，说明了能量的重要性。

物质在细胞中转化为能量的过程是一个不断流动的过程，这是自然界的更新循环之一，就像轮子不断转动一样。一粒、一粒，一个分子、一个分子，以葡萄糖形式存在的碳水化合物燃料被送入车轮中。燃料分子在其循环通道中发生碎片化和一系列微小的化学变化，这些变化是有序和逐步进行的，每个步骤都由一种具有特殊功能的酶专门控制。在每个步骤中，都会产生能量，放出废物（二氧化碳和水），然后将改变后的燃料分子传递到下一个阶段。当一次完整循环结束时，燃料分子被

名师点评

用通俗的语言揭示循环，形象易懂。

耗尽变成一种形式，可以随时与进入的新分子结合并重新开始循环。

细胞充当化学工厂的这一过程是生命世界的奇迹之一。更让人惊叹的是，所有组成这个工厂的功能部件都极其微小。几乎没有例外，细胞本身是微小的，只有借助显微镜才能看到。然而，氧化工作的大部分是在很小的空间中进行的，该空间中的细小颗粒被称为线粒体。尽管已经有 60 多年的历史了，但它们以前被认为是功能未知且可能不重要的细胞成分。直到 20 世纪 50 年代，对他们的研究才变得令人兴奋且富有成果。突然之间，他们开始引起很多关注，以至于在 5 年的时间里有 1000 多篇论文是关于这个课题的。

令人敬畏的是，依靠惊人的机智和耐心，线粒体的奥秘被解开了。想象一下一个很小的粒子，即使显微镜将其放大了 300 倍，也几乎看不到。然后想象一下剥离此粒子，将其分解并分析其成分，确定其高度复杂的功能需要多么高超的技术，这是借助电子显微镜和生物化学家的帮助才得以完成的。

现在知道，线粒体是酶的细小包裹体，包括氧化循环所需的所有酶，各种酶精确而有序地排列在线粒体的壁和隔膜上。线粒体是大多数能量产生反应的"动力源"。首先，初步的氧化步骤在细胞质中进行，然后燃料分子被带入线粒体，在那里完成氧化并释放出大量的能量。如果不是为了获得如此重要的结果，线粒体内无休止的一轮又一轮的氧化将没有意义。三磷酸腺苷是氧化循环的每个阶段产生的能量，它是生化学家熟知的一种形式，即一种包含三个磷酸基团的分子。三磷酸腺苷在提供能量中的作用如下：它可以将其磷酸酯基团中的

名师点评
说明人类的认知是不断进步的。

名师点评
科技进步带来了研究的进步。

153

一个转移到其他物质上，并伴随电子键能量的高速往复运动。因此，在肌肉细胞中，末端磷酸基团转移至收缩肌时，获得收缩能量。因此发生了另一个循环——循环中的循环：一个三磷酸腺苷分子放出了一个磷酸基团，仅保留了两个，成为二磷酸分子。但是当循环的车轮进一步转动时，另一个磷酸基团被联结，强有力的三磷酸腺苷被恢复。就像使用蓄电池一样：三磷酸腺苷代表已充电的电池，二磷酸分子代表已放电的电池。

三磷酸腺苷是通用的能量传递者，它存在于从微生物到人类的所有生物中。它提供了肌肉细胞的机械能，神经细胞的电能。有了被提供能量的三磷酸腺苷，精子细胞或受精卵才会准备好进行剧烈的活动，以转变成青蛙、鸟类或人类婴儿，细胞才能产生出激素。三磷酸腺苷的某些能量被用于线粒体，但大多数能量立即被分配到细胞中，为其他活动提供能量。线粒体在某些细胞内的位置有利于其功能发挥，因为它可以使能量精确地传递到所需要的地方。在肌肉细胞中，它们聚集在收缩纤维周围；在神经细胞中，它们位于细胞与细胞的连接处，为脉冲的传递提供能量；在精子细胞中，它们集中在起推进作用的尾巴与头部连接的位置。

类似电池充电，二磷酸分子和游离磷酸基团结合以还原三磷酸腺苷，并耦合氧化的过程，这种紧密联系被称为偶联磷酸化。如果组合变得不偶联，则将失去提供可用能量的手段。呼吸作用会继续，但是没有能量产生。细胞变得像空马达一样，产生热量但不产生动力。这样，肌肉就无法收缩，脉冲也无法沿着神经通路传达，这样精子就无法移动到目的地，受精卵不能完成其复杂的分裂和烦琐的工作。对于从胚胎到成年的任何生物，非偶联的后果确实可能是灾难性的：随着时间的流逝，它可能导致组织甚至生物的死亡。

非偶联是如何发生的呢？辐射是一种解偶联剂，某些人认为这种方式造成暴露于辐射的细胞死亡。不幸的是，许多化学物质也具有将氧化与能量产生分开的能力，杀虫剂和除草剂是很好的代表。如我们所见，酚对新陈代谢有很强的作用，可能引起致命的高温，这是由解偶的"空马达"效应引起的。已广泛用作除草剂的二硝基苯酚和五氯苯酚就是实例。除草剂中的另一个解偶联剂是 2,4-D。在氯化烃中，滴滴涕是一种行之有效 [1] 的解偶联剂，进一步地研究还可能会发现该类化合物中的其他化合物。

但是，解偶并不是扑灭人体数十亿个细胞中的小火团的唯一方法。我们已经看到，氧化的每个步骤都是由特定的酶来引导和加速的。当这些酶中的任何一种（甚至是其中的一种）被破坏或削弱时，细胞内的氧化循环就会停止。任何酶的影响结果都一样。氧化像车轮一样循环进行。如果我们将撬棍推入车轮的轮辐之间，那么我们把撬棍放在哪一个点，车轮都会停止转动。同样，如果我们破坏了在循环中任何时候都起作用的酶，氧化就会停止。这样就不再产生能量，因此最终效果与解偶非常相似。

撬动氧化这个轮子的撬棍可以由通常用作农药的多种化学物质中的任何一种提供。滴滴涕、甲基氯氧化物、马拉硫磷、吩噻嗪和各种二硝基化合物都是可以抑制一种或多种与氧化循环有关的酶的农药。因此，它们具有阻止整个能量生产过程并剥夺细胞中可利用氧气物质的潜能。这是具有最灾难性后果的伤害，在这里只能谈到其中的一些。

正如我们将在下一章中看到的，仅仅通过系统地抑制氧气的供给，实验者就使正常细胞变成了癌细胞。在动物胚胎的实验中，可以看到氧气的缺失造成的其他严重后果。在氧气不足的情况下，组织生长和器官发育的有序过程被破坏，随之出现畸形和其他异常情况。缺氧的人类胚胎也可能发展为先天畸形。

名师点评

通俗易懂地解释了氧化作用被停止的过程，突出了酶的重要作用。

名师点评

突出了农药对能量生产过程的巨大影响。

名师点评

将下一章论述的主要内容一笔带过，详略得当。

---

[1] 行之有效：某种方法或措施已经实行过，证明很有效用。

尽管几乎没有人能找到所有原因，但这种灾难的增加引起了人们的注意。在那个时代更令人不快的预兆之中，人口统计局于 1961 年启动了全国出生畸形调查表，并做出解释性评论，认为统计数据将就先天畸形发生率和出现的原因提供必要的事实。毫无疑问，此类研究将主要针对辐射的影响，但不可忽视①的是，许多化学物质产生的效果与辐射完全相同。人口统计局严峻地预料到以后出生的孩子的某些缺陷和畸形，几乎可以肯定的是这是我们外部环境中的化学物质引起的。

关于繁殖力降低的一些发现很可能也与对生物氧化的干扰以及随之而来的最重要的三磷酸腺苷的储存耗竭有关。在受精之前，卵子需要三磷酸腺苷的大量供给，准备并等待将要做出巨大的努力，一旦精子进入并开始受精，就需要大量的能量消耗。精子细胞是否会到达并穿透卵子取决于其自身的三磷酸腺苷供应，三磷酸腺苷是由密集聚集在细胞颈部的线粒体产生的。一旦受精完成并开始细胞分裂，以三磷酸腺苷形式提供的能量将在很大程度上决定胚胎的发育是否会继续完成。胚胎学家研究了一些容易获得的研究对象，即青蛙和海胆的卵，他们发现，如果三磷酸腺苷含量降低到某个临界水平以下，卵就会停止分裂并很快死亡。

从胚胎学实验室到美洲知更鸟筑巢的苹果树之间不是没有联系，巢里藏着蓝绿色的鸟蛋是冰冷的，闪烁了几天的生命之火已熄灭。或者，在一棵高大的佛罗里达松树的顶部，那里有一大堆的树枝，上面放着三个冰冷而无生命的大白蛋。为什么知更鸟和小鹰不孵化？鸟类

---

① 忽视：不注意；不重视。

的卵是否像实验室蛙的卵那样停止发育，仅仅是因为它们没有足够的共同能量的传递者——三磷酸腺苷分子，来完成其发育？三磷酸腺苷的缺乏是因为在成鸟的体内和鸟蛋中储存了过量的杀虫剂，因此供能所依赖的微小的氧化车轮停止了转动。

不再需要猜测杀虫剂在鸟蛋中的储藏量了，这显然比哺乳动物的卵子更容易进行观察。无论是通过实验还是在野外，只要在经过这些化学物质处理的鸟卵中寻找，就会发现大量的滴滴涕和其他碳氢化合物，而且浓度很高。在加利福尼亚州的实验中，野鸡蛋中的滴滴涕含量高达百万分之三百四十九。在密歇根州，从死于滴滴涕中毒的知更鸟的输卵管中抽取的卵子中，其浓度高达百万分之二百。其他鸟蛋是从无人看管的巢中取下来的，因为成年知更鸟已被毒死。这些鸟蛋也包含滴滴涕。邻近农场中艾氏剂中毒的鸡已经将这种化学物质传递给了鸡蛋。实验中，喂以滴滴涕的母鸡产下的鸡蛋中，滴滴涕含量多达百万分之六十五。

滴滴涕和其他（也许是所有）氯化碳氢化合物会通过使特定的酶失去活力或破坏能量产生的耦合作用而停止能量产生循环，因此很难看到中毒的鸡蛋如何完成复杂的发育过程：无限数量的细胞分裂，组织和器官的精心构成，最终产生生物的重要物质的合成。所有这些都需要大量能量——需要依靠新陈代谢转动产生的大量三磷酸腺苷。

没有理由认为这些灾难性事件仅限于鸟类。三磷酸腺苷是能量的载体，而产生它的代谢循环在鸟类和细菌，人和小鼠中是一样的。因此，杀虫剂储存在任何物种的生殖细胞中都对我们有害，对人类具有很大的

名师点评

用具体的数字说明鸟蛋中毒素的含量很高。

思考探究

作者为什么会这样说？你能找出现实中的例子吗？

影响。

并且有迹象表明这些化学物质存在于与生殖细胞制造有关的组织以及细胞本身中。在各种鸟类和哺乳动物的性器官中，人工受控条件下的野鸡、小鼠和豚鼠中，在榆树病喷洒区域的北美知更鸟中，以及在西部森林中云杉蚜虫喷洒区的小鹿体内，都发现了杀虫剂的积累。在一只知更鸟中，滴滴涕在睾丸中的浓度比身体其他部位高。滴滴涕在野鸡睾丸中的积累量也非常高，达到百万分之一千五百。

可能是由于农药储存在性器官中，在实验哺乳动物中已观察到睾丸萎缩。暴露于甲基氯氧化物的幼鼠的睾丸非常小。当年幼的公鸡被喂食滴滴涕时，其睾丸仅有正常公鸡的百分之十八。依赖于睾丸激素发育的鸡冠和垂肉只有正常的三分之一大小。

精子本身很可能受三磷酸腺苷缺失的影响。实验表明，二硝基苯酚会降低公牛精子的活力，从而干扰能量耦合机制，不可避免带来能量供应减小。如果对此事进行调查，其他化学药品可能会发现同样的结果。在使用滴滴涕的航空农用撒药人员中，有关于少精症或精子产量减少的医学报道，其对人类可能产生的影响可见一斑[①]。

对于整个人类而言，拥有比个人生命更宝贵的无限价值是我们的遗传物质，它是我们与过去和未来的联系。经过漫长的进化史塑造，我们的基因不仅使我们成为现在的样子，而且它们微小的形体也被牢牢镶嵌在未来——无论吉凶。然而，由于人为因素导致的遗传退化是对我们这个时代的威胁，"对我们文明的最后也是最

---

① 可见一斑：比喻见到事物的一少部分也能推知事物的整体。

大的危险"。

同样，化学物质与辐射之间的相似性是确切且不可避免的。

受到放射线攻击的活细胞遭受各种伤害：其正常分裂的能力可能会被破坏，染色体结构可能会发生变化，或者遗传物质的基因载体可能会发生突变，这些突变导致细胞在后代产生新的特征。如果某种细胞特别敏感，它可能会被彻底杀死，或者经过数年的时间最终变成恶性肿瘤。

在实验室研究中，大量类辐射或辐射模拟化学物质复制了辐射的危害后果。许多这类的化学物质（包括除草剂和杀虫剂）均具有破坏染色体，干扰正常细胞分裂或引起突变的能力。对遗传物质的这些伤害可能导致暴露的个体患病，或者使他们的后代受到这种伤害。

仅在几十年前，还没有人知道辐射或化学物质的这些影响。在那个时代，原子还没有分裂，化学家的试管中还没有能够复制辐射的化学物质。然后在1927年，得克萨斯大学的动物学教授H.J.穆勒博士发现，通过将生物体暴露于X射线，可以导致后代的突变。随着穆勒的发现，科学和医学知识的广阔领域得以开拓。穆勒后来因其成就而获得了诺贝尔医学奖，并且灰色的原子降尘很快来到这个世界，现在即使不是科学家的普通人也知道辐射的潜在危害了。

尽管很少有人注意到，20世纪40年代初期，爱丁堡大学的卡路特·奥伯契和威廉·罗伯逊得到了一个类似的发现。他们在芥子气的研究中，发现这种化学物质会对生物产生永久性的染色体损害，与辐射诱发的异常一样。经过对果蝇的测试，穆勒在其最初的工作中使用了X射线，而使用芥子气也产生了同样的突变。第一种化学诱变剂就这样被发现了。

芥子气作为一种诱变剂，现在已经与许多其他已知会改变动植物遗传物质的化学物质结合在一起。要了解化学物质如何改变遗传过程，我们必须首先了解生命在活性细胞阶段扮演的基本角色。

如果人体要成长，并且生命要一代代流传，组成人体组织和器官的细胞必须具有增加数量的能力，这是通过有丝分裂过程完成的。在即将分裂的细胞中，最重要的变化首先发生在细胞核内，最终发展到整个细胞。在细核内，染色体神秘地移动和分裂，并以固定的模式分布，这将有助于将遗传的决定因素——基因，分配给子细胞。首先，染色体呈线状，基因像一串珠子一样分布在染色体上面。然后，每个染色体开始沿长度方向分裂（基因也分裂）。当细胞分为两个时，第一个细胞的一半将分配给第二个细胞。这样，每个新细胞将包含完整的染色体集合，其中包括所有编码的遗传信息。这样，种族和物种的完整性得以保留，遗传一代代延续。

在生殖细胞的形成中有一种特殊的细胞分裂。因为某一物种的染色体数目是不变的，所以形成一个新个体的卵子和精子必须只携带一半数目的染色体。这在产生这些细胞的一个分裂处发生，是以极高的精度完成的染色体改变。此时，染色体没有分裂，但是每一对染色体分离出一个完整染色体进入子细胞。

在这个基本阶段中，所有生命都是一样。细胞分裂的过程对整个地球生命都是普遍的，人或变形虫，巨大的红杉或简单的酵母细胞都不能长期存在而不进行细胞分裂。因此，任何干扰有丝分裂的物质都会严重威胁受影响的生物体及其后代的福祉。

乔治·盖洛德·辛普森和他的同事皮特恩德里格和蒂芙尼在他们的著作《生命》中写道："细胞组织的主要特征（包括有丝分裂）一定比 5 亿年要古老得多，将近 10 亿年。从这个意义上来说，生命世界虽然脆弱而复杂，但经久不衰，比高山更持久。这种持久性完全取决于无与伦比[①]的准确性，因为遗传信息一代又一代地被复制。"

---

① 无与伦比：指事物非常完美，没有能跟它相比的。

名师点评

"首先""然后""这样"等词的出现，将过程清晰地展现在读者面前。

名师点评

这个结论是建立在科学依据之上的，很有说服力。

但是，在这些作者设想的 10 亿年中，这种"令人难以置信[①]的准确性"从来没有遭受过像 20 世纪中期的人为辐射和人为散布化学物质这样直接、有力的威胁。麦克华伦·勃乃特爵士是澳大利亚杰出的医生，并获得了诺贝尔奖，他认为这是"我们时代最重要的医学特征之一"，"它是越来越强大的治疗程序的副产品以及在体外产生化学物质的副产品。从生物学经验来看，阻止这些改变因素与内部器官接触的保护性屏障越来越频繁地被突破。"

人类染色体的研究尚处于起步阶段，因此直到最近才有可能研究环境因素对它们的影响。直到 1956 年，新技术才使确定人类细胞中 46 条染色体的数量成为可能，并对其进行了详尽的观察，从而可以检测到整个染色体甚至是部分染色体是否存在。关于环境中某些食物对遗传造成损害的整个概念也相对较新，除了遗传学家外，很少有人了解。各种形式的辐射带来的危害现在都已被充分理解，尽管在令人意外的地方仍然被予以否认。穆勒博士常常惋惜道，"如此之多的人对遗传基因理论表示不满，不但有政府部门的决策者，还有医学界的专业人士。"公众和大多数医学或科学工作者几乎都有这种意识：化学物质可能有类似于辐射的作用。因此，化学品在一般用途中（而不是在实验室）的作用尚未得到评估，而这些评估是非常重要的。

麦克法伦爵士对潜在危险的估计并不是独此一家。英国杰出权威彼得·亚历山大博士曾说，类辐射化学物质"可能代表着比辐射更大的危险"。穆勒博士数十年

名师点评

这些例子说明作者一直在关注最新的科研成果，并将其用到自己的文章中。

名师点评

这句话说明很多人注意到了这一点。

---

① 难以置信：不容易相信。

161

名师点评

说明对化学物质的危害具有清醒认识的人有很多。

名师点评

将两种化学物质进行对比，指出杀虫剂和除草剂与大量人接触的事实，暗示对人的危害性更大。

思考探究

蚊子会变成这样，人会发生怎样的变化呢？

名师点评

指出发生作用的根本原因。引发读者关注。

来在遗传学领域做出了杰出的成就，他以此为观点警告说，各种化学物质（包括以农药为代表的那些）"与辐射一样会增加基因异变的频率……在现代环境中，我们的基因在暴露于异常化学物质的作用下，正遭受诱变的影响，但是目前为止我们对此知之甚少"。

对化学诱变剂问题的普遍忽视可能是因为：首先发现的那些诱变剂只具有科学意义。毕竟，氮芥子气不是从空气中喷洒到人群的。它的使用掌握在实验生物学家或将其用于癌症治疗的医生手中。（最近有报道称，接受这种治疗的患者发生了染色体损伤。）但是，杀虫剂和除草剂却与大量的人亲密接触。

尽管对此事关注得很少，但仍有可能收集到许多有关这类农药的具体信息，表明它们可以通过从轻微的染色体损伤到基因突变的方式干扰细胞的生命过程，最后带来扩展到恶性疾病的灾难后果。

暴露于滴滴涕达数代之久的蚊子变成了叫作两性体的奇怪生物，一部分是雄性，一部分是雌性。

用各种酚处理过的植物其染色体严重被破坏，基因大量突变，发生了"不可逆的遗传改变"。受到酚的影响，果蝇也发生突变，这是遗传学的经典课题。这些果蝇产生了危险的突变，就像暴露于一种常见的除草剂或尿烷中一样会致死。尿烷属于一种被称为氨基甲酸酯的化学物质，越来越多的杀虫剂和其他农药带有这类物质。实际上，有两种氨基甲酸酯可用于防止土豆在储存时发芽，因为它们可以阻止细胞分裂。另一种抗发芽剂马来酰肼被认为是一种强大的诱变剂。

用六氯化苯或林丹处理过的植物根部严重变形，出现巨大的瘤状肿胀。它们的细胞增大，因为染色体数目成倍增加。它们还会在以后的分裂中继续倍增，直到进一步的细胞分裂导致体积过大而停止。

除草剂 2, 4-D 还使处理过的植物中产生了肿瘤。这些植物的染色体变得短和厚，聚拢在一起，细胞分裂严重受阻。据说总体效果与 X 射线产生的效果非常接近。

这些只是一些例证，可以举例的还有很多。迄今为止，还没有对农药本身导致的突变作用进行全面研究。上面引用的事实是细胞生理学或遗传学研究的副产品，迫切需要对这个问题进行直接研究。

一些愿意承认环境辐射对人类有影响的科学家仍然质疑，诱变化学物质是否具有同样的作用。他们引证了辐射具有强大穿透力的事实，却对化学物质能否到达生殖细胞而表示怀疑。我们再次受到以下事实的困扰：几乎没有直接证据证明人体内的问题。然而，在鸟类和哺乳动物的性腺和生殖细胞中发现大量的滴滴涕就是有力的证据，证明至少氯化烃不仅广泛分布于全身，而且与遗传物质接触。宾夕法尼亚州立大学的大卫·E·戴维斯教授最近发现，一种癌症治疗中被有限使用且有效的化学物质，可以阻止细胞分裂，也会导致鸟类的不育。虽然不会致死，但是它会让性腺中的细胞停止分裂。戴维斯教授在野外试验中取得了一些成功。显然，没有理由会让人相信任何生物的性腺都不受环境中化学物质的影响。

在染色体异常领域中的最新医学发现具有极大的意义。1959 年，几个英国和法国的研究小组在他们各自独立的研究中发现了一个共同的结论——人类的某些疾病是由正常染色体数量受到破坏而引起的。在这些研究人

名师点评

"据说"一词表明这个结论没有公开发表的科学证据，表现了作者语言的严谨性。

名师点评

提出未来研究的方向，这表现了作者的目光敏锐。

名师点评

没有人体本身的例子，作者就找到了相关的生物方面的例证，充分证明了作者的观点。

员研究的某些疾病和异常中，患者的染色体数量与正常人不同。这说明了：现在已知所有典型的唐氏综合症病人都有一条额外的染色体。有时，它与另一条染色体相连，因此染色体数量还是保持正常的 46 条。但是，如果那一条独立的染色体多余出来，就有 47 条。就个体而言，缺陷的原因来自上一代。

另一种机制在美国和英国患有慢性白血病的许多人身上起了作用。在某些血细胞中出现了一致的染色体异常，异常包括染色体的一部分丢失。在这些患者中，皮肤细胞具有正常的染色体个数。这表明染色体缺陷并未在引起这些个体的生殖细胞中发生，而是在个体生命发展中对特定细胞（在这种情况下，血细胞最先受害）的损害。染色体部分的丢失也许使这些细胞不能发出正常的行为"指令"。

自从这个领域开放以来，与染色体紊乱有关的缺陷列表以惊人的速度增长，迄今为止已经超出医学研究的范围。一种被称为克林费尔特氏综合征与其中一条性染色体的重复有关。产生的个体是雄性，但是因为他携带两条 X 染色体（其染色体为 XXY 型，而不是正常雄性的 XY 型），所以变得异常。过长的身高和精神缺陷常常伴随着这种情况引起的不育。相反，仅得到一个性染色体（成为 XO 型，而不是 XX 型或 XY 型）的个体实际上是雌性，但缺乏许多次要性特征。这种疾病伴随着各种身体（有时是精神）缺陷，当然，X 染色体携带了多种性别特征的基因。这种疾病称为"特纳综合征"。在病因未明之前，医学文献已经描述了这种情况。

许多国家的工作者正在做大量有关染色体异常的研究工作。威斯康星大学的一个小组由哥劳斯·伯托博士领导，一直致力于各种先天性异常的研究，通常包括智力发育迟缓，这些异常似乎是由于染色体的部分倍增所致，好像是在其中一个生殖细胞的一条染色体某处破裂，并且碎片没有适当地重新分配。这样的灾难可能会干扰胚胎的正常发育。

根据目前的知识，一个多余染色体的出现通常是致命的，因为它会阻碍胚胎的存活。已知胚胎可以存活的情况只有三种。当然，其中之一是唐氏综合征。另外，虽然存在额外的染色体碎片，但这个严重损坏并不一定致命，威斯康星州调查人员称，这种情况很可能是迄今为止无法解释的多起病例的大部分原因。在这些病例中，新生儿带有多种缺陷，通常包括智力发育迟缓。

这是一个非常新的研究领域，以至于科学家们现在更关注于疾病和发育不良有关染色体异常的确定问题，而不是推测原因。任何关于单个因素引起染色体破坏或在细胞分裂过程中导致其不稳定的假定都是不妥当的。但是，我们是否可以忽略这样一个事实——我们现在正在向环境中填充化学物质，这些化学物质具有直接攻击染色体的能力，并以可能导致这种状况的精确方式影响它们？这样的代价对于购买没有发芽的马铃薯或没有蚊子的滋扰来说不是太高了吗？

思考探究

作者的这个问题你认为应该怎样来回答？

如果我们愿意，我们可以减少对遗传基因的威胁，这是经过大约二十亿年的进化和选择以后存在于我们身体的，我们只是暂时拥有它，而且我们必须通过它代代相传。我们现在没有采取任何措施来维护其完整性，尽管法律要求化学品制造商对其材料进行毒性测试，但他们并不需要进行能够可靠地证明遗传效应的测试，而且

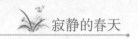

他们也没有这样做。

阅读鉴赏

在本章节中，作者讲述了在细胞内进行能量转化的过程，指出了杀虫剂等化学物质对这一过程的干扰，列举了大量的动物方面的例子进行说明。而且，作者还引用了当时最新的科研成果，列举了一些由于基因缺陷而产生的疾病。之后又指出了杀虫剂等化学物质能够影响动物的基因，读者自然而然会认识这些物质肯定能影响人类的基因。可以说，在这一过程中，作者的逻辑非常严密，列出的证据极具说服力。

知识拓展

染色体：真核细胞中，染色质在细胞分裂时凝缩成的结构。可被碱性染料着色，呈丝状或棒状小体，故名。由DNA和组蛋白组成，是遗传信息的载体。染色体的数目、形状和大小具有物种专一性。体细胞通常是二倍体，有两组染色体；精子和卵子是单倍体，只有一组染色体。在雌雄异体的个体中，染色体分为两类：有关性别决定的是性染色体，其余为常染色体。人体细胞有23对共46条染色体，其中44条是常染色体，2条是性染色体即X染色体和Y染色体，男性有1条X和1条Y染色体，女性有2条X染色体。

考题链接

1.下列句子中，加线词语使用恰当的一项是（　　　　）。

A.人类的健康，具有无与伦比的重要性，再如何重视也不为过。

B.虽然这道题难度比较大，但是经过张老师耐心讲解，同学们最终还是大彻大悟了。

C.在学校组织的中秋晚会上，老师和同学们欢聚一堂，吃月饼、赏月色，共享天伦之乐。

D. 时间真如行云流水，刚进入初中时的豪言壮语犹在耳畔，中考的决胜时刻就已经来临。

2. 下列各句中，没有语病的一项是（　　　）。

A. 原创节目能否获得市场成功和良好反响，关键是能从观众观看愿望中寻找契合点。

B. 前不久，"中国品牌日"活动在上海举行，向全世界展示了中国产品的魅力。

C. 面对停车难的问题，多管齐下的治理方式，让青岛的停车现状大为提升。

D. 在大数据、人工智能等技术实现后，农药的使用可以得到更好的监控，所以人们不用再担心蔬菜中的农药残留问题。

扫码领取
✔ 写作良方
✔ 知识汇总
✔ 好词佳句
✔ 名著音频

第十四章　每四个中的一个

名师导读

随着工业时代的来临，癌症等恶性病也开始袭击人类，不只是成年人遭殃，儿童也在遭受无妄之灾。那么，到底是什么造成了这一切呢？这些物质为什么能够致癌，有什么原理？面对这样的现实，人类应该怎么办？

对抗癌症的生物之战始于很久以前，其根源早已不为人知。但是，它一定是从自然环境中开始的，居住在地球上的任何生命，无论好坏都受到源自太阳和暴风雨以及地球古老特质的影响。这种环境中的某些因素造成的危害，生命要么适应，要么灭亡。阳光下的紫外线会导致恶性肿瘤，某些岩石的辐射、从土壤或岩石中冲出的砷也可能污染食物或水。

甚至在生命存在之前，环境里就有这些不利因素，然而生命还是出现了，经过数百万年，它以种类繁多的形式存在着。在自然界漫长的岁月里，生命受到了这些不利因素的调整，淘汰了适应性较差的生物，留下了抵抗力最强的生物。这些天然的致癌因子仍然是产生恶性肿瘤的一个因素。但是，它们的数量很少，属于生命一开始就习惯了的古老力量。随着人类的到来，情况开始发生变化，因为人类和其他生命形式一样，都可能产生致癌物质，在医学术语中称为致癌物。几个世纪以来，一些人造致癌物已成为环境的一部分，其中一个例子是含碳氢化合物的芳烃。随着工业时代的到来，世界变成了一个持续不断加速变化的地方。新的化学和物理元素组成的人为环境代替了自然环境，其中许多元素具有诱导生物变化的强大能力。面对自己所创造出的这些致癌物，人类对此没有进行任何自我保护，因为人的生物遗传进化缓慢，因此适应新环境也需很长时间。结果，这些强大的物质很容易穿透身体不够强大的防御系统。

癌症有很长的历史，但是我们对致癌因素的认识却很缓慢。大约两个世纪前，伦敦的医生开始意识到外部或环境因素可能会导致恶性变化。1775 年，波斯渥尔·波特爵士宣称，在烟囱打扫者中如此普遍的阴囊癌一定是由其体内积聚的烟灰引起的。他无法提供我们今天需要的"证明"，但是现代研究方法现已提取了烟灰中的致命化学物质，并证明了他的看法是正确的。

在波特发现烟灰引起阴囊癌之后的一个多世纪或更长时间里，人们几乎没有进一步认识到人类环境中的某些化学物质可能通过反复接触皮肤，吸入或吞咽而导致癌症。的确，人们已经注意到，在康沃尔和威尔士的铜冶炼厂和锡铸造厂，接触砷烟的工人中普遍患有皮肤癌。人们已经意识到，萨克森州钴矿和波希米亚约阿希姆萨尔邦铀矿中的工人都患有的肺部疾病，后来被确定为癌症。但是，这是前工业时代的现象，在工业繁荣之后，其产物要遍布到环境中的几乎所有生物中。

对于工业时代恶性肿瘤的认识最早可追溯至 19 世纪最后 25 年。大约在巴斯德发现许多传染病起源于微生物之时，其他人就发现了癌症的化学起源，比如萨克森州煤炭工业和苏格兰页岩工业工人的皮肤癌，以及职业性接触焦油和沥青引起的其他癌症。到 19 世纪末，就已知 6 种工业致癌物。20 世纪创造了无数新的致癌化学物质，普通民众与之紧密接触。自波特研究工作以来的不到两个世纪的时间里，环境状况发生了巨大变化。不仅仅是职业中的危险的化学接触，它们已经进入了所有人生活的环境，甚至还包括尚未出生的孩子。因此，恶性疾病的惊人增加我们已经不足为奇了。

恶性病的增长不仅仅是主观臆测。人口统计局 1959 年 7 月的月报指出，包括淋巴组织和造血组织在内的恶性病增长占死亡人数的 15%，而在 1900 年仅为 4%。根据该疾病的当前发病率，美国癌症协会估计，目前有 4500 万美国人将最终患上癌症，这意味着恶性疾病将侵袭三个家庭中的两个。

有关儿童的患病情况更加令人不安。25 年前，儿童癌症被认为是一种罕见病。如今，死于癌症的美国小学生人数超过了其他任何疾病。这种情况变得如此严重，以至于波士顿在美国建立了第一家专门治疗癌症儿童的医院。一岁至十四岁儿童死亡总数的百分之十二是由癌症引起的。在五岁以下的儿童中，临床上发现了大量恶性肿瘤，但一个更加严峻的事实是，在出生时或出生前大量此类恶性肿瘤就已经存在了。美国国家癌症研究所的 W.C. 惠帕博士是研究环境癌症的权威，他提出先天性癌症和婴儿癌症可能与母亲在怀孕期间接触的并渗透到儿童体内的致癌物质有关，这些致癌物质通过胎盘对迅速发展的胎儿组织产生影响。实验表明，动物在越年轻的时候接触致癌剂，就越容易产生癌症。佛罗里达大学的弗朗西斯·雷博士警告说："我们可能通过向食品中添加化学物质而在当今的儿童中引发癌症……我们可能都不知道在一两代时间中将会产生什么影响。"

在这里，与我们有关的问题是，我们在尝试控制自然界时使用的任何化学物质是否直接或间接地引发了癌症。根据从动物实验中得到的证据，我们将看到五种或六种农药被明确评定为致癌物。如果我们加上一些医生认为的会导致人类白血病的农药，该名单将大大加长。这里的证据是根据情况推测的，因为我们不可能在人体上做实验，但这仍然令人印象深刻。我们还将添加其他农药，包括导致在活组织或细胞中产生恶性肿瘤的间接原因的那些农药。

与癌症相关的最早使用的农药之一是砷，它存在于作为除草剂的亚砷酸钠中，和作为杀虫剂的砷酸钙以及各种其他化合物中。人与动物患癌与砷之间的关联一直就存在。惠帕博士在他的《职业性肿瘤》（有关这一主题的经典专著）中提到了暴露于砷的后果的一个令人惊叹的例子。西里西亚的赖兴施泰因市是已经有近1000年历史的黄金和白银矿石开采地，以及数百年来的砷矿开采地。几个世纪以来，砷废物堆积在矿井附近，并被山上的溪流吸收。地下水也被污染了，砷进入了饮用水。几个世纪以来，该地区许多居民都遭受了所谓的"赖兴施泰因病"的困扰——慢性砷中毒伴随着肝脏、皮肤、胃肠道和神经系统的疾病。恶性肿瘤是该疾病的常见并发症。赖兴施泰因病现在只是具有历史参考价值，因为25年前就已经有了新的供水，而饮用水中的砷基本上被消除了。然而，在阿根廷的科尔多瓦省，因为含砷岩层中饮用水的污染，出现了地方性的慢性砷中毒并伴有砷性皮肤癌。

通过长期持续使用砷类杀虫剂来创造与赖兴施泰因和科尔多瓦类似的中毒条件并不困难。在美国，烟草种植园、西北部许多果园和东部的蓝莓土地上，含有砷的土壤很容易导致水源的污染。

被砷污染的环境不仅影响了人类，还影响着动物。1936年，来自德国的一份报告引起了人们极大的兴趣。在萨克森州弗赖贝格地区，银冶炼厂和铅冶炼厂向空气中排放的砷烟飘散到周围的乡村并落在植被上。根据韦伯博士的说法，以这些植物为食的马、牛、山羊和猪表现出脱毛和皮肤增厚等症状。居住在附近森林中的鹿有时会出现异常的色素斑和癌前疣，患有癌性病变的特征。家养动物和野生动物都受到"砷性肠炎、胃溃疡和肝硬化的影响"。在冶炼厂附近的绵羊患有鼻窦癌。它们死亡时，在大脑、肝脏和肿瘤中发现了砷。在该地区，"昆虫尤其是蜜蜂的死亡率也很高。降雨将树叶上的砷尘洗净并带入溪流和水池的水中之后，许多鱼也死亡了。"

广泛用于防治螨虫和蜱虫的化学物质是属于新型有机农药的致癌剂的一个例子。它的故事充分证明了，即使有立法规定的保障措施，但公众仍可以在已知的致癌物质中暴露数年以后，才通过缓慢的法律程序使局势得到控制。从另一个角度来看，这个故事很有趣，证明了今天被公众认为是"安全"的东西明天可能会变得极其危险。

当这种化学品于1955年问世时，制造商提出了一种容许值，该容许值允许可能喷洒过农药的任何农作物上可以有少量残留。根据法律要求，他们已经对实验动物进行了化学测试，并且提交了他们的实验结果。但是，食品药品监督管理局的科学家认为这些测试显示出可能的致癌趋势，因此，该处的专员建议"零容忍"，就是说合法的跨州运输食品上不得有任何农药残留物。但是制造商具有上诉的合法权利，因此该案由委员会进行了审查。该委员会的决定是一个折中方案：产品上市两年，其容许值为百万分之一。在此期间，进一步的实验室测试将确定该化学物质是否真正致癌。

尽管委员会没有这样说，但其决定意味着公众将扮演豚鼠的角色，与实验室的狗和老鼠一起测试潜在致癌物。但是动物实验很快有了结果，并且两年之后，确定了这种杀螨剂确实是一种致癌物。即使在 1957 年，美国食品药品监督管理局也无法立即废除允许已知致癌物残留污染公众消费食品的容许值。各种法律程序的进行又过了一年。最终，在 1958 年 12 月，专员所建议的零容许值才开始生效。

这些绝不是农药中唯一已知的致癌物。在对动物进行的实验室测试中，滴滴涕已导致了可疑的肝脏肿瘤。食品药品监督管理局的科学家报告了这些肿瘤的发现，尚不确定如何对其进行分类，但他们认为"考虑将其归为一种低级肝细胞癌是有道理的"。惠帕博士现在将滴滴涕定义为"化学致癌物"。

人们已经发现，两种氨基甲酸酯类除草剂 IPC 和 CIPC 在小鼠皮肤肿瘤的产生中起了作用，一些肿瘤是恶性的。这些化学物质似乎引发了恶性病变，然后环境中其他常见类型的化学物质可能促使了病变的全部形成。

除草剂氨基三唑已引起测试动物的甲状腺癌。1959 年，许多蔓越莓种植者滥用了这种化学物质，在一些上市的浆果上产生了残留物。在美国食品药品监督管理局查获被污染的蔓越莓之后的争议中，该化学品实际上是致癌物质这一事实受到了广泛挑战，即使许多医学工作者也对此提出了质疑。美国食品药品监督管理局发布的科学事实清楚地表明了氨基三唑对实验大鼠的致癌性。当这些动物以百万分之一百的比率被喂食含有这种化学物质的饮用水时，它们在第 68 周开始出现甲状腺肿瘤。两年后，这种肿瘤出现在一半以上的老鼠中。他们被诊断为各种类型的良性和恶性肿瘤。较低的给药量也会产生肿瘤——实际上所有水平的给药量都会产生效果。当然，没有人知道多大剂量的氨基三唑会对人致癌，但是正如哈佛大学医学教授戴维·鲁特斯坦博士指出的那样，应该有这样一个标准水平，该水平可能对人不利，但也有它的好处。

迄今为止，还没有足够的时间来揭示新型氯化烃类杀虫剂和现代除草剂的全部作用。大多数恶性肿瘤发展如此缓慢，以至于可能需要受害者生命中相当一部分时间才能达到显示临床症状的阶段。19 世纪 20 年代初期，在表盘上涂发光涂料的妇女通过嘴唇触摸刷子而吞咽了微量的镭。在这些女性中，有人经过 15 年或更长时间后才发展成骨癌。对于因职业性接触化学致癌物引起的某些癌症，在 15 至 30 年，甚至更长时间才得以表现出来。

与这些在工业中对各种致癌物的暴露相反，军事人员对滴滴涕的首次暴露始于 1942 年，而平民对滴滴涕的首次暴露始于 1945 年，直到 20 世纪 50 年代初，才开始使用多种农药。这些化学物质已播下恶之种，但是它们尚未完全成熟。

但是，对于大多数恶性肿瘤而言，其潜伏期很长，白血病是一个例外。广岛幸存者在原子弹爆炸仅 3 年后患上白血病，现在有理由相信癌症的潜伏期可能会大大缩短。也可能其他类型的癌症具有相对较短的潜伏期，但是目前，白血病似乎是癌症发展异常缓慢这一规则的例外。在现代农药兴起的时代，白血病的发病率一直稳步上升。国家人口统计局提供的数字清楚地表明了造血组织恶性疾病的令人不安地上升。在 1960 年，仅白血病就造成 12290 名受害者。各类血液和淋巴恶性肿瘤的死亡总数为 25400 人，与 1950 年的 16690 人相比急剧增加。每 10 万人的死亡人数中，从 1950 年的 11.1 人增加到 1960 年的 14.1 人，这种增长绝不限于美国。在所有国家，记录的所有年龄段的白血病死亡人数都以每年 4% 至 5% 的速度增长。这意味着什么？人们现在是否越来越频繁地接触到我们环境中的一种或多种致病因素呢？

诸如梅奥诊所这样举世闻名的机构接纳了成百上千造血器官疾病的受害者。梅奥诊所血液学系的马尔科姆·哈格雷夫斯博士及其同事报告说，这些患者几乎无一例外地接触过各种有毒化学药品，包括含有滴滴涕、氯丹、苯、林丹和石油馏出物的喷雾剂。

哈格雷夫斯博士认为，"尤其是在过去的十年中"，与使用各种有毒物质有关的环境疾病正在增加。根据丰富的临床经验，他认为"绝大多数患有血液异常和淋巴系统疾病的患者都有接触各种碳氢化合物的历史，而碳氢化合物被添加在当今的大多数农药中。详细的病历记录总是会显示出这样的关系"。这位专家现在拥有大量详细的病史，这些病史是基于他所见过的患有白血病、再生障碍性贫血、霍金斯病以及其他血液和造血组织疾病的患者而得出的。他说："他们全部都受到了这些不良环境因素的影响，而且暴露时间相当长。"

这些病史显示了什么？其中一份是关于一位讨厌蜘蛛的家庭主妇。8月中旬，她带着含有滴滴涕和石油馏出物的喷雾剂进入地下室。她将整个地下室、楼梯下、水果柜以及天花板和椽子周围的所有保护区域彻底喷了药，完成喷洒后，她开始感到恶心、极度焦虑和紧张。然而，在接下来的几天里，她感觉好了一些，而且显然没有考虑到自己的病因，于是她在9月份重复了整个过程，进行了两次以上的喷洒，于是又经历了生病、暂时恢复、再次喷洒的过程。第三次使用杀虫剂后，她出现了新症状：发烧、关节疼痛和全身不适，还有一条腿出现急性静脉炎。经哈格雷夫斯医生检查后，发现她患有急性白血病。她在第二个月就去世了。

哈格雷夫斯医生的另一位患者是一名专业人士，他的办公室在一处被蟑螂侵扰的老建筑中。由于这些昆虫的存在而感到不舒服，他亲自采取了控制措施。他花了一个星期天的大部分时间对地下室和所有僻静的区域进行喷涂。喷雾是将25%的滴滴涕浓缩物溶解在含有甲基化萘的溶剂中。在短时间内，他就开始出现瘀伤和流血。他因大量出血而就诊。他的血液分析显示出存在再生障碍性贫血的骨髓机能已严重衰弱。在接下来的5个半月中，除其他治疗外，他还接受了59次输血。他好像暂时恢复了，但大约9年后他患上了致命的白血病。

在涉及杀虫剂的病例中，历史上最显著的化学品是滴滴涕、林丹、六氯化苯、硝基酚、常见的治蠹晶体对位二氯苯、氯丹，当然还有它们所携带的溶剂。正如这位医生强调的那样，纯暴露于单一化学物质是例外，而不是常规。市场销售产品通常包含溶解在石油馏出物中的几种化学品的组合，再加上一些分散剂。作为溶剂的芳族环状和不饱和烃本身可能是造血器官受损的主要因素。但是从实际而不是医学的角度来看，这种区别并不重要，因为这些石油溶剂是大多数常见喷涂实践中不可分割的一部分。

这个国家和其他国家或地区的医学文献包含许多重要案例，这些案例支持了哈格雷夫斯博士关于这些化学物质与白血病和其他血液疾病之间因果关系的想法。他们担心的是这样的日常活动，例如农民被自己的喷洒设备或撒药的飞机的喷雾毒害，一个大学生在书房喷洒灭蚂蚁的杀虫剂并停留在那里学习，一个在家中配备了便携式林丹喷雾器的妇女，一个在曾用氯丹和毒杀芬喷洒过的棉田中工作的工人。他们在医学术语的字里行间描述了很多悲剧性的故事，例如捷克斯洛伐克的两个年轻表兄弟，他们生活在同一个城镇并且一直在一起工作和玩耍。他们最后做的也是最致命的工作是在一个农业合作社中卸载一袋杀虫剂（六氯化苯）。8 个月后，其中一名男孩患了急性白血病，9 天以后他死了。大约在这个时候，他的表弟开始感到疲倦和发烧。在大约 3 个月内，他的症状变得更加严重，他也被送进了医院，并被诊断为急性白血病，这种不可避免的致命性疾病。

然后是一个瑞典农民的病例，它奇怪地让人联想到金枪鱼船"幸运龙"上的日本渔民久保山。像久保山一样，这位农民也是一个健康的人，就像久保山在海上谋生一样，他在土地上谋生。但是从天上飘下来的化学药品会判处每一个人死刑。有时飘下来的是有毒的辐射微尘，还有时是其他化学粉尘。农夫用含有滴滴涕和六氯化苯的粉尘处理了约 60 英亩的土地。当他工作时，阵阵微风吹来了含有药粉的烟雾。"晚上，他感到异常疲倦，在随后的几天中，他一直感到无力、背痛、腿酸痛、发冷，不得不上床睡觉，"隆德诊所的一份报告说，"他的病情不断恶化，在 5 月 19 日（喷药 1 周后），他才申请了当地医院的住院治疗。"他发高烧，血液计数异常。他被转到内科诊室，在生病 2 个半月之后，他死去了。验尸后发现，他的骨髓完全萎缩了。

如何改变正常和必要的过程（例如细胞分裂），使其变得反常且具有破坏性，这个问题已经引起了无数科学家的关注，也花费了很多的金钱。细胞中到底发生了什么，导致了其有序的增长变为胡乱的和不受控制的癌症扩散？

其答案肯定会是多个。正如癌症本身是具有多种特征的疾病一样，其起源、发展过程以及影响其生长或退化的因素也是多样的，因此其相应的病因也是多种。然而，所有这些潜在原因的根本是细胞受到的几种基本伤害。在分散于世界各处的研究中，有时甚至根本没有作为癌症专项的研究，其中，我们看到一丝曙光，它可能是点亮这个问题的第一道微光。

我们再次发现，只有通过观察生命的某些最小单位、细胞及其染色体，才能带给我们穿透这些谜团所需的更广阔的视野。在这个微观世界中，我们必须寻找那些以某种方式破坏正常模式细胞奇妙的功能机制的因素。

关于癌细胞的起源，最令人印象深刻的理论之一是由德国马克斯·普朗克细胞生理研究所的生物化学家奥特·瓦勃格教授提出的。他致力于研究细胞内复杂的氧化过程。在这种广泛的基础研究下，他对正常细胞变成癌细胞的方式进行了引人入胜而清晰的解释。

瓦勃格认为，辐射或化学致癌物会破坏正常细胞的呼吸，从而剥夺其能量。这个作用可能是由经常重复的微小剂量的致癌物引起的。一旦造成了影响，其效果是不可逆的。没有被这种呼吸道毒药直接杀死的细胞会努力弥补能量的损失。这些细胞不能再继续进行那种惊人的、高效的循环，以产生大量的三磷酸腺苷，转而开始了一种原始且效率低的发酵式呼吸。以发酵式呼吸为方式的生存斗争持续了很长一段时间。它通过随后的细胞分裂而继续进行，因此所有后代细胞都具有这种异常的呼吸方法。一旦细胞失去了正常的呼吸作用，它就无法在一年、十年或数十年之内恢复。但渐渐地，在为恢复失去的能量而进行的艰苦斗争中，存活下来的那些细胞开始通过增加发酵作用来补偿能量。这是达尔文式的斗争，只有最适合或最适应的生命体才能生存。最后，它们达到通过发酵就能够产生与正常呼吸作用一样能量的程度。在这一点上，可以说癌细胞是由正常的人体细胞产生的。

瓦勃格的理论解释了许多令人费解的事情。大多数癌症的潜伏期很长，这是细胞无限数量的分裂所需要的时间，在此期间，在原来呼吸作用开始被损害之后，发酵作用逐渐增加。由于不同物种的发酵作用的速率不同，发酵作用占统治地位所需的时间也不同：大鼠需要的时间短，癌症会迅速出现，人需要的时间长（甚至数十年），在人身上的恶性病变发展缓慢。

瓦勃格理论还解释了为什么在某些情况下重复小剂量致癌物比单次大剂量致癌物更危险。后者可以彻底杀死细胞，而小剂量则可以让一些细胞存活，然后处于受损状态。这些幸存的细胞可能会发展成癌细胞。这就是为什么没有所谓"安全"剂量的致癌物。

在瓦勃格的理论中，我们还找到了关于一个原本无法理解的事实的解释——同一种药物既可以用于治疗癌症，又可以引起癌症。众所周知，辐射也是如此，辐射可以杀死癌细胞，但也可能导致癌症。现在用于抗癌的许多化学药品也是如此。为什么？两种因素都会破坏呼吸作用。癌细胞的呼吸作用已经受到损害，因此再有一些额外损害，它们就会死亡。第一次遭受呼吸损伤的正常细胞并没有被杀死，而是可能最终导致恶性肿瘤。

瓦勃格的想法在 1953 年得到证实，当时其他研究者仅通过长时间断断续续地减少供氧就能将正常细胞转变为癌细胞。然后在 1961 年，有了其他佐证，这次是来自活体动物，而不是组织培养物。将放射性示踪物质注入患癌小鼠。然后，通过仔细测量它们的呼吸，发现发酵作用的速率明显高于正常水平，正如瓦勃格所预见的那样。

根据瓦勃格建立的标准来衡量，大多数农药都正好满足了"完美"致癌物的标准。正如我们在上一章中所看到的，许多氯化烃、酚和一些除草剂会干扰细胞内的氧化和能量产生。通过这些手段，他们可能正在制造休眠的癌细胞，其中不可逆的恶性肿瘤会长期休眠，直到被发现为止。这种恶性肿瘤最终会显现出来，成为众所周知的癌症。

另一条致癌途径可能是通过染色体，该领域中许多最杰出的研究人员对任何破坏染色体、干扰细胞分裂或引起突变的物质持怀疑态度。在这些人看来，任何突变都是潜在的癌症原因。尽管有关突变的讨论通常是指生殖细胞中的突变，这可能会使子孙后代受到其影响，但人体其他细胞中也可能存在突变。根据癌症起源的突变理论，细胞可能在放射线或化学物质的影响下发生突变，从而使其能够逃脱人体对细胞分裂的正常控制。因此，它能够以胡乱的和不受管制的方式繁殖。这些分裂产生的新细胞具有逃避控制的相同能力，并且这种细胞积累起来到一定时间便形成了癌症。

其他研究人员指出，癌症组织中的染色体不稳定，它们往往会断裂或损坏，染色体的数量也不稳定，甚至可能出现两套。

最早追踪染色体异常直至实际恶变的研究人员是在纽约斯隆－凯特琳研究所工作的阿尔柏特·莱万和约翰·J.倍塞尔。至于首先出现的是恶性肿瘤还是染色体紊乱，这些人毫不犹豫地说："染色体异常先于恶性肿瘤。"也许他们推测，在最初的染色体损伤和由此造成的不稳定性之后，会有很长的一段时期。经过细胞许多代（长期的恶性病变潜伏期）的反复试验，在此过程中最终积累了一系列突变，这些突变使细胞逃避了控制并开始了不受控制的增长，即癌症。

染色体不稳定性理论的早期支持者之一欧几维德·温吉认为，染色体的倍增有特别的意义。那么，通过反复观察我们知道，六氯化苯及其相对的林丹会使实验植物的染色体倍增，这些化学物质也与许多有据可查的致命性贫血病例有关，这两者是否巧合？还有哪些能干扰细胞分裂，破坏染色体，引起突变的农药呢？

不难理解，为什么白血病是由于暴露于辐射或类辐射的化学物质而导致的最常见的疾病之一。物理或化学诱变剂的主要目标是分裂作用特别旺盛的细胞，包括各种组织，但最重要的是那些从事血液生产的组织。骨髓是人一生中红细胞的主要生产者，每秒向人的血液中输送约一千万个新细胞。白血球以易变但仍然惊人的速度在淋巴结和一些骨髓细胞中形成。

某些化学物质再次使我们想起了锶、90 等放射性产物，它们对骨髓具有独特的亲和性。苯是杀虫剂的常见成分，会滞留在骨髓中，并在那里沉积长达 20 个月。苯多年前已在医学文献中被认为是引起白血病的原因。

儿童迅速成长的组织还将提供最适合恶性细胞发育的条件。麦克华伦·勃尼特爵士指出，白血病不仅在全世界范围内呈上升趋势，而且在三至四岁年龄段已成为最常见的疾病，这一年龄段白血病的发生率是其他疾病无法做到的。根据该权威机构的说法，"三至四岁之间出现的发病高峰除了儿童在出生前后暴露于诱变的刺激物之外，几乎没有其他解释"。

会致癌的另一种诱变剂是氨基甲酸酯。当怀孕的老鼠用这种化学药品治疗时，它们自己不仅会患上肺癌，而且幼鼠也会患上肺癌。在这些实验中，小鼠唯一暴露于氨基甲酸酯的时候是产前，证明了该化学物质一定是通过胎盘接触到小鼠的。如惠帕博士警告的那样，在暴露于氨基甲酸酯或相关化学物质的人群中，婴儿有可能是通过产前暴露而患上肿瘤的。

尿脘，即氨基甲酸酯，在化学上与除草剂 IPC 和 CIPC 有关。尽管有癌症专家的警告，但氨基甲酸酯现在不仅被用作杀虫剂、除草剂和杀真菌剂，还被广泛用于增塑剂、药品、衣物和绝缘材料等各种产品中。

通往癌症的道路也可能是间接的。在一般意义上说，不致癌的物质可能以干扰身体某些部位正常功能的方式引起恶性肿瘤。有些癌症是重要的例子，特别是生殖系统的癌症，似乎与性激素紊乱有关；反过来，在某些情况下，这些紊乱可能会影响肝脏保持这些激素适当水平的能力。氯化烃正是导致这种间接致癌作用的一种物质，因为它们对肝脏有一定程度的毒性。

当然，性激素通常存在于体内，并且与各个生殖器官有关，具有必要的促进生长的功能。但是身体具有内置的保护作用，可以防止过度积累，因为肝脏的作用是保持男性和女性荷尔蒙之间的适当平衡（两种激素都在体内产生，尽管数量不同），并防止过度积累。但是，如果它已被疾病或化学物质破坏，或者 B 族维生素的供应量减少了，它的功能就会被破坏。在这些条件下，雌激素就会积累到异常高的水平。

有什么影响呢？至少有大量关于动物的实验证据。洛克菲勒医学研究所的一名研究人员发现，患有肝脏疾病的兔子有很高的子宫肿瘤发生率，他认为是由于肝脏不再能够抑制血液中的雌激素所致。在老鼠、大鼠、豚鼠和猴子上进行的大范围实验表明，长期服用雌激素（不一定是高剂量）已导致生殖器官组织发生变化，"从良性过度生长到明显的恶性肿瘤"。通过施用雌激素已经在仓鼠中诱发了肾脏的肿瘤。

尽管医学界对这个问题的意见有分歧，但有很多证据支持这种观点，即在人体组织中也可能发生类似的影响。麦吉尔大学皇家维多利亚医院的研究人员发现，在他们研究的 150 例子宫癌病例中，有三分之二证明了雌激素水平异常高。在后来的 20 例病例中，有百分之九十的病例与之类似，雌激素活跃度很高。

目前医学界没有任何检测手段可以检测到人体中是否可能存在足以损害肝脏的化学药物，这些化学药物使肝脏不再能正常地抑制雌激素的活动。这些化学药物很可能是氯化烃，正如我们所见，氯化烃在摄入量很低的情况下也会引起肝细胞的变化。它们还会导致维生素 B 的流失。这一点也非常重要，因为其他证据表明这些维生素具有抵抗癌症的作用。斯隆－凯特琳癌症研究中心原主任 C.P. 罗兹发现，暴露于强效化学致癌物的实验动物如果喂饲酵母（一种天然维生素 B 的丰富来源），则不会患上癌症。他发现，这些维生素的缺乏会导致出现口腔癌，甚至可能消化道其他部位的癌症。不仅在美国，而且在饮食通常缺乏维生素的瑞典和芬兰的北部地区也出现了类似情况。易患早期肝癌的人群，例如非洲的班图部落的人，通常营养不良。男性乳房癌在非洲部分地区也很普遍，这与肝病和营养不良有关。在战后希腊，男性乳房增大是饥饿时期的常见伴随疾病。

简而言之，农药在癌症中的间接作用是破坏肝脏和减少 B 族维生素供应，从而导致"内源"雌激素或人体产生的雌激素增加，这个论点已被证明。此外，我们越来越多地接触到各种合成雌性激素，包括化妆品、药品、食品和相关职业接触到的那些，它们的综合作用是最值得关注的问题。

人体对产生癌症的化学物质（包括杀虫剂）的接触不仅不受到控制，而且是多重的。一个人可能对同一化学品有许多不同的接触。砷就是一个例子。它以各种不同的形式存在于每个人的环境中：作为空气污染物、水污染物、食品、农药、药物、化妆品、木材防腐剂中，或作为油漆和油墨中的着色剂。很可能仅凭这些中的任何一种都不足以引发恶性肿瘤，但是任何一种的所谓"安全剂量"都可能足以使已经装有其他"安全剂量"的天平翻倒。

而且，两种或多种不同的致癌物共同作用可能会造成危害，因此它们的影响是综合的。例如，接触滴滴涕的人几乎肯定会接触其他损害肝脏的碳氢化合物，这些碳氢化合物被广泛用作溶剂、脱漆剂、脱脂剂、干洗液和麻醉剂。那么，滴滴涕的"安全剂量"又是什么呢？

一种化学物质可能作用于另一种化学物质以改变其作用，使情况变得更加复杂。癌症有时可能需要两种化学物质的相互作用，其中一种使细胞或组织变得敏感，另一种化学物质或促进剂可能使它发展为真正的恶性肿瘤。因此，除草剂 IPC 和 CIPC 可能在皮肤肿瘤的产生中起引发剂的作用，播下了可能由其他物质（也许是普通洗涤剂）带入的恶性种子。

物理试剂和化学试剂之间也可能存在相互作用。白血病可能以两个步骤发生，X 射线引发恶性变化，化学物质（例如尿烷）提供了促进作用。人类越来越多地受到来自各种来源的辐射，再加上与许多化学物质的许多接触，这为现代世界提出了一个严重的新问题。

放射性物质污染了供水系统，这带来了另一个问题。水中包含各种作为污染物存在的化学物质，实际上它们可能会受到电离辐射的影响而改变性质，以无法预测的方式重新排列其原子，从而产生出新的化学物质。

美国各地的水污染专家对以下事实感到担忧：洗涤剂现在成了一个麻烦，它实际上是公共供水的普遍污染物，没有实际可行的方法可以将其去除。很少有清洁剂会致癌，但通过间接作用，它们可能通过作用于消化道内壁，改变组织而导致癌症，使组织更容易吸收危险的化学物质，从而加重影响。但是谁能预见并控制这一行动呢？在情况不断变化的万花筒中，除了零剂量外，还有什么致癌物的剂量是"安全的"？

正如最近发生的事件清楚表明的那样，我们容忍环境中的致癌因子，我们就要自己承担风险。1961 年春季，许多联邦、州和私人孵化场的虹鳟鱼中都出现了一种肝癌流行病。美国东部和西部的鳟鱼都受到影响，在某些地区，3 年生以上的鳟鱼几乎全都患有癌症。之所以会有这样的发现，是因为美国国家癌症研究所的环境癌症科与鱼类和野生动植物管理局之前早有关于报告患有肿瘤的鱼类的协定，这是为了对水污染物会危害人类的癌症做出提前警告。

尽管研究仍在进行，以确定在如此广泛的区域中造成这种流行病的具体原因，但据说最好的证据表明，准备的孵化场饲料中含有某种病原体。除了基本食品外，饲料中还包含各种化学添加剂和药物。

鳟鱼事件意义重大的原因有很多，但主要是作为一个重要的例子，说明将强力致癌物引入任何物种环境中会导致什么后果。惠帕博士将这种流行病形容为严重警告，必须大大提高对影响环境致癌物的数量和种类的关注。惠帕博士说："如果不采取预防措施，发生在鳟鱼身上的灾难会在不久的将来加倍地发生在人类身上。"

正如一位研究人员说，我们生活在"致癌物质的海洋"中，这一发现当然令人沮丧，并且很容易导致绝望和产生失败主义的想法。普遍的反应是："这不是绝望的情况吗？""甚至试图从我们的世界中消除这些致癌因子，也是不可能吗？最好不要浪费时间尝试，而是将我们的全部精力投入到研究中以找到治愈癌症的方法，对吗？"

惠帕博士在癌症领域的杰出工作使他的观点受到尊重，面对这个问题，他的回答是经过深思熟虑的，并有很强的判断力，毕生的研究和经验支持着他的判断。惠帕博士认为，我们今天在癌症方面的状况与19世纪末期人类在传染病方面所面临的状况非常相似。巴斯德和科赫的出色工作已经建立了致病生物与许多疾病之间的因果关系。就像今天致癌物遍及我们周围的环境一样，医务人员甚至普通民众都开始意识到人类环境中存在着大量能够引起疾病的微生物。现在，大多数传染病已得到合理控制，有些已经被实际消除。这项出色的医学成就是通过两面夹攻而实现的：既要预防又要治疗。尽管"魔术子弹"和"神奇药物"在外行人的脑海中占据着突出的地位，但是在与传染病的战争中，大多数真正决定性的战斗还是包括从环境中消除致病生物的措施。历史上的一个例子涉及一百多年前伦敦爆发的霍乱。伦敦的一名医生约翰·斯诺绘制了病例的地图，发现它们起源于一个地区，所有居民都从位于布罗德街上的一个泵中抽水。在迅速而果断的预防医学实践中，斯诺医生从泵上卸下了手柄。该流行病得到了控制，不是通过杀死霍乱（当时还未知）生物的神奇药丸，而是从环境中消除了这种生物。甚至治疗措施也具有重要的结果，不仅可以治愈患者，而且可以减少感染的病灶。当前的结核病比较罕见，很大程度上是由于现在普通人很少接触结核杆菌（细菌）这一事实。

今天，我们发现我们的世界充满了致癌剂。惠帕博士认为，对癌症的战斗全部或者主要集中在治疗手段上（即使可以找到"治愈"的手段）是失败的，因为它没有触及大量致癌因素存在的地方，这些致癌因素将继续以更快的速度侵害新的受害者，这个速度超过了至今还难以捉摸的"治愈"方法制止癌症的速度。

为什么我们在采用这种常识性方法解决癌症问题时反应迟钝？惠帕博士说，也许"治愈癌症受害者的目标比预防更令人兴奋，更加切合实际，更具魅力和回报"。然而，对癌症的预防"绝对更加人道"，并且可能"比治愈癌症的方法更有效"。对于像"我们每天早晨吃饭前都应该服用的神奇药丸"可以预防癌症这样一厢情愿的承诺，惠帕博士几乎无法忍受。公众对这种最终结果的信任是由于这样一种误解，尽管很神秘，癌症还是一种单一的疾病，具有单一的病因和单一的治疗方法（希望是这样）。当然，这与已知的事实相去甚远。正如环境癌症是由多种化学和物理因素诱发的一样，恶性病变本身也有许多诱发条件，且以生物学上不同的方式表现出来。

长期以来有望实现的"突破"，无论何时发生，都不能指望是治疗所有类型恶性肿瘤的灵丹妙药。尽管必须继续寻求减轻患者痛苦和治愈的方法，但是如果希望这种解决方案能突然出现，对人类是有害的。它将缓慢地进行，一步一步地。同时，当我们将数以百万计的资金投入到研究中，并将所有的希望都投入到已确诊的癌症病例寻求治疗的庞大计划中时，即使我们寻求治愈，我们也错过了预防的黄金机会。

这项任务绝不是毫无希望的。在某个重要方面来看，与世纪之交的传染病相比，前景还是令人鼓舞。那时，世界充满了病原菌，而今天却充满了致癌物。但是人类没有将细菌放入环境中，传播细菌方面的作用是非自愿的。相比之下，人类将绝大多数致癌物放入环境中，如果愿意，他们也可以消除其中的许多致癌物。癌症的化学作用已通过两种方式在我们的世界中根深蒂固：首先，具有讽刺意味的是，人类寻求更好、更轻松的生活方式；第二，因为此类化学品的生产和销售已成为我们经济生活方式的一部分。

想要把所有化学致癌物从现代世界中消除，这是不现实的。但是很大一部分都不是生活的必需品。通过消除它们，致癌物的总量将大大减少，并且至少四分之一的人患癌的威胁将得到缓解。应该尽最大努力消除那些现在已经污染我们的食物、水和大气的致癌物，因为这些致癌物总是最危险的接触方式和人类接触，即微量的接触，并且多年来不断积累。

在癌症研究最杰出的专家中，有许多人也与惠帕博士一样，认为通过确定环境致癌因素并消除或减少它们，可以显著减少这些恶性疾病。对于那些癌症已经是潜伏或显现的患者，当然必须继续努力寻找治疗方法。但是对于那些尚未被这种疾病感染的人和那些尚未出生的人来说，预防是当务之急。

扫码领取
✅ 写作良方
✅ 知识汇总
✅ 好词佳句
✅ 名著音频

第十五章 大自然的反击

名师导读

大自然有着自成一体的系统，当人类不进行干预的时候，它会自己保持平衡。但是，人类大量喷洒杀虫剂却打破了这个平衡。面对这种情况，大自然会做出什么反应呢？人类应该怎么办呢？

我们总是努力使自然达到令人满意的标准，为此付出了巨大风险，却未能实现目标，这确实是最大的讽刺。但这似乎正是我们的处境。虽然很少有人提到，但任何人都可以看到，事实是自然并不是那么容易被塑造的，而昆虫正在寻找方法来规避我们对它们的化学攻击。

荷兰生物学家 C.J. 波里捷说："昆虫世界是自然界最令人惊讶的现象。在那里没有什么是不可能的，看起来最不可能的事情通常发生在那里。深入探究其奥秘的人总是为它的奇妙所惊叹。他知道一切都会发生，而且看似完全不可能的事情也经常发生。"

"不可能"现在发生在两个广泛的方面。通过基因选择的过程，昆虫正在繁殖出对化学物质具有抗性的品种。这将在下一章中讨论。但是，我们现在看到的更大的问题是，我们的化学攻击削弱了环境本身固有的防御

思考探究

作者为什么说这是最大的讽刺？

名师点评

用生物学家的话来说明昆虫界的奇妙，很有说服力。

能力，这些防御能力旨在控制各种物种。每次我们突破这些防御措施时，都会有成群的昆虫涌入。

来自世界各地的报告清楚地表明，我们正处于严重的困境中。经过 10 年或更长时间的化学强化控制后，昆虫学家发现，几年前他们认为已解决的问题又重新困扰他们。随着昆虫开始以微不足道的数量出现，到已经发展为严重虫灾的状况，新的问题出现了。从本质上讲，化学控制方法的失败是自食其果①，因为它们的设计和应用没有考虑到生物系统的复杂性，就盲目地投入其中。这些化学物质可能已经针对几种物种进行了预先测试，但尚未针对整个生物群落进行过测试。

如今，在某些地方，人们已经无视自然的平衡，这在早期的、更简单的世界中一直是一种主流。如今，这种状态已变得如此彻底的令人不安，以至于我们也可能会忘记它。有些人认为这是一个省时省力的假设，但作为行动的指南它是非常危险的。今天，自然平衡与冰河时期不同，但它仍然存在：生物之间复杂、精确和高度集成的关系系统，不能被忽略，就像栖息在悬崖边缘的人想要安全就不能无视重力定律一样。自然的平衡不是现状。它是不断变化的，处于不断调整的状态。人也是这种平衡的一部分。有时候，这种平衡有利于人，有时由于人类自己的活动变得对人类不利。

在制定昆虫控制计划时，忽略了两个至关重要的事实。首先，对昆虫的真正有效控制来自自然界而不是人类。生态学家称之为"环境抵抗力"，以此来控制昆虫的数量，自从第一个生命被创造以来就一直如此。可用

---

① 自食其果：指自己做了坏事，自己受到损害或惩罚。

的食物数量、天气和气候条件、竞争性物种或掠食性物种的存在，这些都是至关重要的。昆虫学家罗伯特·梅特卡夫表示："防止昆虫泛滥世界的最大因素是它们之间相互进行的战争。"然而，现在使用的大多数化学物质杀死了所有昆虫，包括我们的朋友和敌人。

第二个被忽视的事实是，一旦环境抵抗力减弱，一个物种便会爆发性地繁殖。尽管有时我们会有一些醒悟的瞬间，但许多不同生物的繁殖能力几乎超出了我们的想象。我记得从学生时代起，就可以在装有简单的干草和水混合物的罐子中创造奇迹：只需在罐子中加入几滴来自原生动物成熟培养液中的物质即可。在几天之内，整个罐子里将充满旋转着的、向前移动的小生命——万亿个数不清的拖鞋形状的草履虫。草履虫细小如尘埃，在不受限制的临时天堂中繁殖，这里温度适宜，食物丰富，没有敌人。这让我想到的是，白色布满藤壶的海岸岩石，或者目之所及大片大片水母的壮观景象，一英里接着一英里，它们脉动着，没有止境，鬼魂般的形态从海水中显现出来。

当鳕鱼穿过冬季海洋到达产卵场时，我们看到了自然控制的奇迹，每只雌性在那里产数百万个卵。因为不是所有鳕鱼的后代都生存下来，所以海洋不会变成充满鳕鱼的固体。一般来说，每一对鳕鱼能产下几百万的幼鱼，只有当幼鱼全部存活到成年才会对自然界造成困扰。

生物学家过去有一个有趣的推测，如果经过一些不可思议的灾难，自然界失去了控制作用，而只有一种生物的所有后代得以幸存下来，会发生什么事情。因此，一个世纪前的托马斯·修克思勒计算出，一只雌性蚜虫

名师点评

用草履虫的例子形象地说明了生物在没有天敌的情况下疯狂繁殖的可怕。

名师点评

数字上的对比准确地说明了自然控制的巨大威力。

（具有无交配繁殖的奇异能力）可以在一年时间内产生后代，其后代的总量等于美国居民的总量。

对我们来说幸运的是，这种极端的情况只是理论上的，但是破坏自然界运行环境的可怕结果是动物种群的研究者们所周知的。饲养员对消除北美郊狼的热心导致了田鼠的泛滥成灾，因为北美郊狼控制着田鼠的数量。关于亚利桑那州的凯巴布鹿一再重演的故事就是另一个例子。有一段时期，鹿群数量与其环境保持平衡。许多捕食者（狼、美洲狮和郊狼）限制了鹿的数量超过其食物的供应。然后，通过杀死捕食者来"保护"鹿的战役开始了。一旦捕食者消失，鹿就急剧增加，很快它们就没有足够的食物了。它们觅食时，树上的叶子越来越少，并且随着时间的推移，死于饥饿的鹿比以前被掠食者杀死的鹿还要多。此外，整个环境由于它们拼命寻找食物而受到破坏。

田野和森林的捕食性昆虫与凯巴布的狼和郊狼起着相同的作用。杀死它们，被捕食的昆虫数量就会激增。

没有人知道有多少昆虫居住在地球上，因为还有许多昆虫尚未被发现。但是已经被记录下来的超过了70万。这意味着就物种数量而言，地球上70%至80%的生物是昆虫。这些昆虫中的绝大多数都受到自然力量的控制，没有人为干预。如果情况真是如此，那么可想而知，任何剂量的化学品（或任何其他方法）都不可能压倒其数量。

问题在于，直到天敌倒下，我们都很少意识到它曾为我们所提供的保护。我们大多数人视而不见[1]，不了解

---

① 视而不见：指不注意，不重视，睁着眼却没看见；也指不理睬，看见了当作没看见。

世界的美丽、奇妙，以及我们周围生物的奇特甚至可怕的强大能力。因此，昆虫捕食者和寄生生物的活动鲜为人知。也许我们可能已经注意到花园里的灌木丛上有一只形状奇怪外表凶猛的昆虫，并且朦胧地意识到螳螂的生命是以牺牲其他昆虫为代价的。但是，只有当我们在夜晚带着手电筒在花园里走动时，我们才能以敏锐的眼光瞥见螳螂偷偷地潜近它的猎物，然后我们感觉到猎人和猎物之间的戏剧性。由此，我们感受到大自然无情的控制力。

　　捕食者（杀死并吃掉其他昆虫的昆虫）种类繁多。其中一些速度很快，就像燕子从空中捕捉猎物一样。其他的则有条不紊①地沿着植物的茎干觅食，拔出并吞噬像蚜虫那样不太好动的昆虫。小黄蜂捕捉身体柔软的昆虫，然后将其汁液喂给幼虫。泥瓦匠黄蜂会在房屋下的洞穴中筑成圆柱状的泥状巢，并在其中存放昆虫，以供给它们的幼虫食用。马卫士黄蜂徘徊在放牧的牛群上方，摧毁了折磨它们的吸血蝇。经常被误认为是蜜蜂的食蚜虻将其卵产在被蚜虫侵袭的植物叶子上，然后，孵化的幼虫会吃掉大量的蚜虫。瓢虫，也叫"花大姐"，是蚜虫、鳞虫和其他以植物为食的昆虫中最有效的终结者。确实，一只瓢虫消耗数百只蚜虫，以点燃她生产一批卵所需的能量之火。

　　寄生性昆虫的习性更加不寻常。它们不会彻底杀死其宿主，取而代之的是，它们通过改进各种方式利用受害者来养育自己的孩子。它们可能将卵存放在猎物宿主的幼虫或卵中，以便自己发育中的幼虫可以通过食用宿主来寻找食物。有些则通过黏性溶液将卵附着在毛毛虫上。在孵化时，幼虫寄生虫会穿透宿主的皮肤。其他的则以一种有远见的伪装本能，将卵产在叶子上，吃嫩叶的毛毛虫会不经意地将它们吞食。

　　在田野、树篱、花园和森林中，到处都有捕食和寄生的昆虫。在池塘上方，蜻蜓飞掠过，阳光从它的翅膀上折射出火焰般的光彩。它们的祖先在大量爬行动物居住的沼泽中疾驰而过。现在，就像在远古时代一样，它们目光犀利的眼睛将捕捉到空中的蚊子，用篮子形的腿将它们兜捕。在水下，它们的幼虫、蜻蜓若虫捕食水生阶段的蚊子和其他昆虫。

---

① 有条不紊：形容有条有理，一点不乱。

草蜻蛉拥有绿色的纱布翅膀和金色的眼睛，害羞而隐秘，它们在叶子上几乎可以隐形，它们是二叠纪古代种族的后裔。成年的草蜻蛉主要以植物的花蜜和蚜虫的蜜露为食，并且随着时间的流逝，她将卵产在每根长茎的末端，并将其固定在叶子上。从这些卵中冒出了她的孩子——一种叫作"蚜狮"的，多刺毛的幼虫，它们依靠捕食蚜虫、介壳虫或螨虫而生，它们捕获猎物并吸干它们的汁液。每只幼虫可能会消灭数百只蚜虫，然后随着生命周期不断地转变，它们将变成白色的茧，从而进入蛹的阶段。

还有很多的黄蜂类和蝇类也是如此，它们依靠寄生和破坏其他昆虫的卵或幼虫生存。一些寄生卵非常微小的黄蜂类，由于它们巨大的数量和活动量，抑制了许多破坏农作物的昆虫物种的大量繁殖。

所有这些微小的生物们无论晴天雨天都在工作，在黑暗中，即使是在冬天的严寒已经将生命的余烬消散为灰的时候。然后，这股生命的力量只是在暗中燃烧，等待春天唤醒昆虫世界的时候再次爆发。同时，在白雪的覆盖之下，在霜冻的土壤之下，在树皮的缝隙以及隐蔽的洞穴中，寄生虫和捕食者已经找到了应对寒冷季节的方法。

在为数不多的情况下，螳螂的卵可以被螳螂妈妈安全地固定在灌木丛树枝上薄羊皮纸般的小盒子里。螳螂妈妈曾在这里度过整个夏天。

雌性胡蜂躲在某个阁楼中的一个被遗忘的角落里，体内携带受精卵，这些卵将在未来形成整个蜂群。她，唯一的幸存者，将在春天开始筑个小纸巢，在每一个巢孔中产卵，并小心地哺育一小队工蜂。在工蜂的帮助

名师点评

将草蜻蛉消灭其他昆虫的过程描写得生动有趣。

名师点评

用"如此"一词将其他昆虫灭杀的过程一笔带过，详略得当。

名师点评

运用拟人的修辞，非常形象。

下，她将扩大巢穴并发展她的蜂群。在炎热的夏季，不断觅食的工蜂将杀死无数的毛毛虫。

因此，从它们的生活环境和我们自己想要的自然环境来看，所有这些都是我们的盟友，它们的存在使自然的平衡倾向有利于我们。但是，我们已经将炮火对准了我们的盟友。可怕的危险是，我们严重低估了它们在保护我们以避免敌人的黑暗浪潮来袭中的价值，而如果没有它们的帮助，可能这些敌人会压倒我们。

随着杀虫剂的数量、种类和破坏性的增长，环境抵抗力的普遍和永久性地降低的前景变得严峻，并且越来越现实。随着时间的流逝，我们可能会预料到越来越严重的昆虫爆发，无论是携带疾病的物种还是破坏农作物的物种，其数量都会超过我们所知的。

您可能会问："是的，但这是纯粹的理论吗？""这当然不会真的发生——无论如何，在我这一生中不会。"

但是，它现在正在发生着，就在这里，就在现在。到 1958 年，科学期刊已经记录了约 50 种与自然平衡发生严重错位的物种。每年都有更多的例子被发现。最近关于该主题包含了 215 篇论文，这些论文报告或讨论了由农药造成的昆虫种群失衡方面的不利影响。

有时，以控制为目的的化学喷雾，其结果反而导致这种昆虫数量的极大增加。安大略省的粉虱在喷雾后变得比以前多了 17 倍。另外，在英格兰，喷洒了一种有机磷化学物质以后，发生了一次史无前例①的大白菜蚜虫大爆发。

在其他时候，喷洒虽然可以有效地对抗要控制的目

① 史无前例：历史上从来没有过的事，指前所未有。

名师点评

非常形象地描写出了胡蜂生存以及族群扩大的过程。

名师点评

"盟友"一词形象而准确地说明了上述昆虫和人类的关系。

名师点评

用读者提问的方式引起读者的注意力。

标昆虫，却也像打开了整个盛放破坏性虫害的潘多拉魔盒，这些破坏性虫害以前从来没有如此之多以至于造成这么大的麻烦。例如，由于滴滴涕和其他杀虫剂杀死了红蜘蛛的敌人，红蜘蛛实际上已成为一种世界范围的害虫。红蜘蛛不是昆虫。它是一种小得几乎看不见的八足动物，和蜘蛛、蝎子和壁虱等动物是一类。它的嘴部适合刺穿和吮吸，并且对让世界变绿的叶绿素有极大的食欲。它将这些细小而尖锐的口器插入叶片和常绿针叶的外部细胞中，并提取叶绿素。轻度的侵扰使树木和灌木丛出现斑驳的像撒上了盐和胡椒的外观，如果它的数量众多，树叶就会变黄并掉落。

这就是几年前在某些美国西部的国家森林中发生的情况，1956年，美国林业局向约88.5万英亩的森林土地喷洒了滴滴涕。目的是控制云杉上的蚜虫，但是在第二年夏天发现了比蚜虫危害更严重的问题。从空中勘测森林时，可以看到广阔的枯萎地区，壮丽的道格拉斯冷杉正变成褐色并掉下针叶。在海伦娜国家森林和大带山的西坡上，然后在蒙大拿州的其他地区，再到爱达荷州，森林看起来好像被烧焦了一样。显然，1957年的这个夏天带来了有史以来范围最广、影响最严重的红蜘蛛侵害。几乎所有喷药区域都受到影响。损害无处不见。回顾历史，尽管这件事没有那么引人注目，但是林务员们还记得其他的红蜘蛛灾害。1929年黄石公园的麦迪逊河沿线，20年后的科罗拉多州，以及1956年的新墨西哥州，都遇到了类似的麻烦。每次爆发都是在森林喷洒杀虫剂之后发生的。（1929年喷洒中使用了砷酸铅，那是发生在滴滴涕时代之前。）

为什么红蜘蛛似乎能在杀虫剂中茁壮成长？除了它

们对杀虫剂不敏感这一明显的事实外，似乎还有其他两个原因。在自然界中，各种食肉动物（例如瓢虫、五倍子蜂、食肉螨和一些掠食性臭虫）对它们进行控制，所有这些昆虫对杀虫剂都极为敏感。第三个原因与红蜘蛛群落内的种群压力有关。不受干扰的红蜘蛛群落是一个密集的定居社区，它们挤在一个防护网下，以躲避敌人。喷洒后，群落就分散了，虽然不会被化学药品杀死，但红蜘蛛受刺激而四处逃散，以寻找不会受到干扰的地方。这样一来，它们发现现在比以前在群落中拥有更多的空间和食物。它们的敌人现在已经死了，因此，红蜘蛛无须花费精力来分泌保护性防护网。取而代之的是，它们倾尽所有精力生产更多的红蜘蛛。在杀虫剂的帮助下，它们的产卵量增加 3 倍并不是难事。

名师点评

采用设问的方式，引起读者的注意力。

在滴滴涕开始替代砷酸铅后，在著名的苹果种植区弗吉尼亚州的谢南多厄山谷，红带卷叶蛾，一种成群结队的小昆虫，困扰着种植者。它的危害从未像现在这样严重过。不久，随着滴滴涕的使用量增加，它使农作物的病死率上升到了百分之五十，不仅仅在该地区，在整个东部和中西部地区，它也成为破坏力最强的苹果害虫。

思考探究

面对这种现象，你认为应该怎样解决？

具有讽刺意味的情况比比皆是①。20 世纪 40 年代后期，在新斯科舍省定期喷洒农药的苹果园中，苹果小卷蛾的危害最为严重（引起"多虫苹果"）。在未喷洒的果园中，飞蛾的数量却不足以引起真正的麻烦。

名师点评

"比比皆是"一词说明这种情况存在的极其普遍。

苏丹东部的棉花种植者对滴滴涕有着痛苦的经历，积极的喷洒得到了同样令人失望的回报。盖斯三角洲的

---

① 比比皆是：到处都是，形容极其常见。

灌溉土地上种植了约6万英亩棉花。滴滴涕的早期试验效果明显，于是喷洒得到了加强。就在那时，麻烦开始了。棉铃虫是最具破坏力的棉花敌人之一。但是喷洒的棉花越多，出现的棉铃虫就越多。未被喷洒的棉花其果实受到的伤害较小，然后到成熟时的损害要比喷洒过的棉花少，在两次喷洒的田地中，籽棉的产量大幅下降。尽管喷药消除了一些以叶为食的昆虫，但由此获得的任何好处都不能被棉铃虫的损害所抵消。最终，种植者面临一个令人难过的事实，那就是，如果他们自己免除了喷洒的麻烦和费用，他们的棉花产量就会更高。

在比属刚果①和乌干达，用大量滴滴涕对付咖啡灌木中的害虫，其结果几乎是"灾难性的"。据发现，该害虫本身几乎完全不受滴滴涕的影响，而其捕食者则对滴滴涕极为敏感。

在美国，农民多次将一种昆虫的敌人换成更糟糕的昆虫，因为喷洒打乱了昆虫世界的种群动态。最近实施的两个大规模喷洒程序正是具有这种效果。其中一项是南方的消灭火蚁计划。另一项是在中西部为控制日本甲虫而进行的喷药。（请参阅第十章和第七章。）

1957年，当路易斯安那州的农田大规模使用七氯时，结果释放出甘蔗作物的最大敌人之一——蔗螟。喷洒七氯后不久，蔗螟造成的损害急剧增加。瞄准火蚁的化学物质杀死了蔗螟的敌人。甘蔗遭受了如此严重的破坏，以至于农民因被无视和未向他们发出警告而向州政府提起诉讼。

伊利诺伊州的农民也吸取了同样的惨痛教训。在最

---

① 比属刚果：该地1960年独立，称刚果民主共和国，简称刚果（金）。——编者注

近对伊利诺伊州东部的农田施以毁灭性的狄氏剂喷洒以控制日本甲虫后，农民们发现，受害地区的玉米螟已大大增加。实际上，在该区域内田间种植的玉米所含的这种破坏性幼虫几乎是外面种植玉米的两倍。农民可能还不知道发生事情的生物学原理，但是他们不需要科学家告诉，也知道他们做了一场亏本生意。为了摆脱一种昆虫，他们带来了更具破坏性的祸害。据农业部估计，日本甲虫每年在美国造成的总损失约为一千万美元，而玉米螟造成的损失约为八千五百万美元。

值得注意的是，在以前，控制玉米螟的工作主要依靠自然力量。在 1917 年从欧洲意外引入这种昆虫后的两年内，美国政府启动了一项最强有力的计划，以找到并引进寄生在玉米螟上的昆虫。从那时起，政府耗费巨资从欧洲和东方引进了 24 种玉米螟寄生虫。其中，有 5 种在对玉米螟的控制上具有独特价值。不用说，随着玉米螟的敌人被喷雾杀死，所有这些工作的结果现在都受到了损害。

如果这看起来很荒谬，请看一下加州柑橘林的情况，那里是在 19 世纪 80 年代进行了世界上最著名、最成功的生物防治实验。1872 年，一种以柑橘树汁为食的介壳虫在加利福尼亚州出现，并在随后的 25 年中发展成为一种具有极强破坏力的害虫，以至于许多果园的水果作物完全消失了。年轻的柑橘产业受到破坏性的威胁。许多农民放弃并拔出了他们的树木。然后，一种介壳虫的寄生虫从澳大利亚被引进了，它是一种叫做"澳洲瓢虫"的小甲虫。在首次运输甲虫后的短短两年内，整个加利福尼亚州柑橘种植区的受灾片区就得到了完全控制。从那时起，就算一个人在柑橘树林中搜寻数天，

名师点评

形象且准确地说明了生物防治的效果极好。

思考探究

他为什么这样说?

名师点评

过渡句,承上启下,文章脉络极为清晰。

也不会发现一只介壳虫了。

然而在 20 世纪 40 年代,柑橘种植者开始试验新奇的新型化学物质来对抗其他昆虫。随着滴滴涕的到来以及随之而来的毒性更大的化学药品的出现,加利福尼亚许多地区的澳洲瓢虫被消灭了。它的引进仅花费了政府 5000 美元,而它每年为水果种植者节省了数百万美元,但是在不知不觉中,这个收益被抵消了。介壳虫的侵害再次迅速出现,其破坏程度超过 50 年来的任何一次。

里弗赛德市柑橘实验站的保罗·德巴赫博士说:"这可能标志着一个时代的结束。"现在,介壳虫的控制变得极为复杂。澳洲瓢虫的存活只能通过反复放养和最仔细的喷雾时间安排来维持,以最大限度地减少其与杀虫剂的接触。不管柑橘种植者做什么,它们都或多或少地受到相邻土地所有者的摆布,因为杀虫剂四处飘散已经造成了严重破坏。

所有这些例子都涉及侵害农作物的昆虫。那些携带疾病的昆虫呢?关于它们已经有不少警告。例如,第二次世界大战期间,南太平洋的尼桑岛上进行了密集喷洒,但在战争快结束时却停止了喷洒。不久,一群携带疟疾的蚊子入侵了该岛。蚊子所有的天敌都被杀死了,新的天敌种群还没有时间建立起来。因此,这为蚊子数量的大爆发铺平了道路。马歇尔·莱尔德将化学控制比作一台跑步机:一旦踏上去,我们就会因担心后果而无法停止。

在世界的某些地区,疾病可能以完全不同的方式与喷洒相连。由于某种原因,像蜗牛这样的软体动物几乎不受杀虫剂的影响。这已经被多次观察到。在佛罗里达州东部喷洒盐沼造成的大屠杀中,水生蜗牛就得以幸存。当时的场景是一张超现实主义的画笔才能画出来的、令人震惊的图画——蜗牛在死鱼的尸体和垂死的螃蟹之间爬行，吞噬着毒雨的受害者。

但是为什么这一点很重要呢？是因为许多水生蜗牛都是危险的寄生蠕虫的宿主，它们生命周期的一部分在软体动物中，一部分在人类中，例如血吸虫。血吸虫病是当人们在饮水或沐浴时，血吸虫通过饮用水或皮肤进入人体导致的严重疾病。血吸虫通过宿主蜗牛释放到水中。这种疾病在亚洲和非洲的部分地区尤其普遍。在发生这种情况的地方，很可能采取了促进蜗牛数量大幅增长的昆虫控制措施。

当然，并非只有人类会遭遇蜗牛传播的疾病。牛、羊、山羊、鹿、麋鹿、兔子和其他各种温血动物的肝脏疾病可能是肝吸虫所致，肝吸虫的部分生命周期在淡水蜗螺中度过。感染了这些蠕虫的动物肝脏不适合用作人类食品，并且照例应被没收。这样一来，每年美国牧民的损失约为 350 万美元。显然，任何增加蜗牛数量的措施都会让这一问题更加严重。

在过去的 10 年中，这些问题被蒙上了巨大的阴影，但我们对它们的认识一直很缓慢。最适合研发自然控制并协助实施的昆虫学家，大多数却在更富有刺激性的化学控制的小天地里忙来忙去。据报道，在 1960 年，当时全国所有经济昆虫学家中只有 2% 从事生物防治领域的工作。其余 98% 中的很大一部分从事化学杀虫剂的研究。

为什么会这样呢？大型化学公司正在向大学投入资金，以支持对杀虫剂的研究，这为研究生创造了有吸引力的员工职位和奖学金。另一方面，生物控制研究从来

名师点评

形象地说明了蜗牛不受杀虫剂影响的特点。

思考探究

血吸虫病曾是我国南方极其流行的一种疾病，查一下相关资料，看看我国是如何防治这种疾病的。

名师点评

通过研究人员数字的对比，展示了严酷的现实。

没有获得像这样得天独厚①的条件。原因很简单，因为生物控制不会像化学工业那样提供优渥的利润，生物控制的研究工作留给了州和联邦机构的人员，而那里支付的薪水要少得多。

这种情况也解释了另一个令人迷惑的事实，即某些杰出的昆虫学家为什么是化学控制的主要倡导者。对其中一些人的背景进行调查显示，他们的整个研究计划都得到了化学工业的支持。他们的专业声望，有时甚至是他们的工作，都取决于化学控制方法的存在和延续。然而我们难道还能期望他们去反咬给他们喂食的手吗？但是，知道他们的偏见之后，对他们关于杀虫剂无害的说法我们能够信任多少呢？

在普遍认为化学药品是控制昆虫的主要方法中，少数昆虫学家偶尔提交了报告，他们没有忽略他们既不是化学家也不是工程师，而是生物学家的事实。

英格兰的 F.H. 雅各布宣称："许多所谓的经济昆虫学家的行为似乎表明，他们相信拯救世界的就是农药的喷嘴……当他们制造出数量激增或产生出抗药性的害虫问题时，或者哺乳动物中毒的问题时，化学家会准备好用一剂化学药品来解决这个问题。人们还意识不到，最终，只有生物学家才能为害虫控制的基本问题提供答案。"

新斯科舍省的 A.D. 皮克特写道："经济昆虫学家必须意识到，他们正在和有生命的活物打交道……他们的工作绝不仅仅是简单的杀虫剂测试或是寻求破坏性极强的化学物质。"皮克特博士本人是合理昆虫控制方法领

---

① 得天独厚：具备的条件特别优越，所处环境特别好。

域的先驱，这种方法充分利用了各种捕食性和寄生性昆虫。今天，他和同事们提出的方法是一种崭新的却很少有人能模仿的模型。只有在某些加利福尼亚昆虫学家开发的综合控制程序中，我们才能在美国国内找到可以与之比拟的东西。

　　皮克特博士大约 35 年前在新斯科舍省安纳波利斯山谷的苹果园开始了他的工作，那里曾经是加拿大最集中的水果种植区之一。当时，人们认为杀虫剂（当时是无机化学物质）将解决昆虫控制的问题，唯一的任务就是让果农按照推荐的方法使用，但是美好的景象未能实现，昆虫仍然以某种方式持续存在着。添加了新的化学药品，设计了更好的喷涂设备，并增加了喷涂的热情，但昆虫的控制问题并没有得到改善。然后，滴滴涕承诺"消灭苹果卷叶蛾的爆发"。而使用它的结果却是史无前例[①]的螨虫灾害。皮克特博士说："我们正从一场危机转移到另一场危机，只是将一个问题换成了另一个问题。"

　　然而，在这点上，皮克特博士和他的同事们走上了一条新道路，而不是与其他昆虫学家一道，继续追求毒性更大的化学物质。他们认识到自己天生就有强大的盟友，因此设计了一个程序，该程序最大限度地利用自然控制，从而最少地使用杀虫剂。无论何时使用杀虫剂，都使用最小剂量（足以控制害虫而不会对有益物种造成伤害的量）。适当的撒药时机也被计划在内。因此，如果尼古丁硫酸盐在苹果花变成粉红色之前而不是之后应用，一种重要的捕食性昆虫就会得以幸免，可能是因为它在那时候仍在卵中。

名师点评

点出了皮克特博士的不同，用"然而"一词提醒读者注意。

[①] 史无前例：历史上从来没有过的事，指前所未有。

皮克特博士特别注意选择那些对寄生虫和捕食性昆虫无害的化学品。"当我们对滴滴涕、对硫磷、氯丹和其他新的杀虫剂的使用，达到像过去使用无机化学药品那样的常规控制的施用程度时，对生物控制感兴趣的昆虫学家可能就会选择放弃了。"他说，他没有使用这些剧毒的广谱杀虫剂，而是主要依靠了鱼尼丁（源自一种热带植物的地上茎）、尼古丁硫酸盐和砷酸铅。在某些情况下，使用的滴滴涕或马拉硫磷浓度非常低（每100加仑1或2盎司，而通常情况是每100加仑1或2磅）。尽管这两种物质是现代杀虫剂中毒性最低的，但皮克特博士仍然希望通过进一步地研究，用更安全、更具选择性的材料替代它们。

该计划的效果如何呢？遵循皮克特博士改良喷雾计划的新斯科舍省果园生产出的一等水果与使用密集化学控制的果园的比例不相上下。他们的产量也很高。而且，他们以低得多的成本获得了这些结果。在新斯科舍省苹果园中，杀虫剂的投入仅占大多数其他苹果种植区花费的百分之十至百分之二十。

比这些出色的结果更为重要的是，这些新斯科舍省昆虫学家制定的改良程序并未对大自然的平衡造成坏的影响。让人进一步认识到十年前加拿大昆虫学家 G.C. 尤里特所说的哲理："我们必须改变我们的哲学观点，放弃我们认为人类是优等物种的这种态度，并承认在许多情况下，我们在自然环境中找到的限制生物种群的方式方法，比起我们自己能创造出的更加经济合理。"

❀阅读鉴赏❀

在这一章节中，作者对喷洒化学物质造成的一个后果进行了展示和分析。作者认为，喷洒化学物质破坏了生态平衡，因为喷洒的化学物质不仅杀死了预定的昆虫，也杀死了这些昆虫的天敌，而且，这些昆虫还会产生抗药性。所以，喷洒化学物质的后果就是一时奏效，后患无穷。作者举出了大量的事例和数字进行了证明。并且，作者还列举了自然控制的优势：不仅比喷洒化学物质效果好，而且成本要低廉。作者分析问题十分透彻，比如她看到了一些昆虫学家发表的言论代表着生产化学物质集团的利益，是不可信的。

❀知识拓展❀

潘多拉：希腊神话中的第一个女人。普罗米修斯盗火给人类后，主神宙斯图谋报复，命火神赫菲斯托斯用黏土做成美女潘多拉，送给普罗米修斯的兄弟厄庇米修斯做妻子。潘多拉貌美性诈，私自打开宙斯让她带给厄庇米修斯的一只盒子，于是盒里的疾病、疯狂、罪恶、嫉妒等祸患一齐飞出，只有希望留在盒底。人间因此充满各种灾祸。"潘多拉的盒子"常用来比喻灾祸的来源。

❀考题链接❀

1.下列说法正确的一项是（　　　）。

A.在当今社会，禁止使用含有滴滴涕的杀虫剂已经成为社会共识。

B.几千年来，人类同自然斗争的历史表明，人类一定可以战胜自然。

C.人类控制农作物害虫的唯一手段就是使用杀虫剂消灭它们。

D.环境保护和发展经济是不能并存的，为了保护环境就必须延缓经济发展。

2.下列语句中没有语病的一项是（　　　）。

A.通过阅读《寂静的春天》，使我们看到了滴滴涕等杀虫剂给世界造成的巨大危害，感受到作者悲天悯人的情怀。

B.成都市申办 2025 年世运会，无疑不是成都积极创建世界赛事名城的重要举措之一。

C.为了后代能遥望星空，荡舟碧波，我们应该坚持绿色生活理念，增强低碳生活方式。

D.市教育局推动的"研学旅行"项目，在丰富学生见闻的同时提升了学生的人文素养。

扫码领取
☑ 写作良方
☑ 知识汇总
☑ 好词佳句
☑ 名著音频

第十六章　雪崩的隆隆声

名师导读

　　强力化学药物的喷洒，清除了昆虫中的弱势群体，强壮有力的群体生存下来并产生了抗药性，引发了人类的恐慌。大量的例子证明，今天有效的杀虫剂，明天就会丧失效果。那么，除了化学防治，人们是不是根本没有其他方法？让我们来看一看作者的分析吧。

　　如果达尔文今天还活着，昆虫世界令人印象深刻的优胜劣汰，肯定会使他感到高兴和震惊。在大范围化学喷雾的压力下，昆虫种群中较弱的成员正在被清除。现在，在许多地区和许多物种中，只有强健的和适应能力强的种类仍然无视人类控制它们的努力。

　　大约半个世纪之前，华盛顿州立大学昆虫学教授 A.L. 麦兰德提出了一个现在看来很纯粹的反问："难道昆虫不会逐渐对喷雾具有抗药性吗？"如果麦兰德得到的答案似乎不清楚或来得慢，那仅仅是因为他提出问题的时间早了——早在 1914 年，而不是 40 年后。在滴滴涕发生之前的时代，无机化学药品的使用在今天看来仍然是很谨慎的，昆虫可以从化学喷雾或撒粉中幸免。麦兰德本人在遭遇桑·古斯介壳虫中遇到了麻烦，几年来，他曾通过喷洒石灰硫控制了它们，效果不错。然而，在华盛顿州的克拉克斯顿地区，这种昆虫变得难以控制，比在韦纳奇和亚基马山谷的果园以及其他地方更难以杀死。

　　突然之间，美国其他地区的这种介壳虫似乎也有了相同的想法：在果园管理员勤奋地使用石灰硫喷洒农药的情况下，它们还是不愿死去。在整个中西部地区，成千上万英亩的优质果园被现在无法用喷洒药物来控制的昆虫破坏了。

然而在加利福尼亚州，一种历史悠久的，将帆布帐篷放在树上并用氢氰酸熏蒸的方法也开始在某些地区产生了令人失望的结果。正因为如此，加利福尼亚柑橘实验站从 1915 年就开始了一项研究，并持续了 25 年。在 20 世纪 20 年代，另外一种对砷产生抗药性的昆虫是苹果蠹蛾，即苹果虫，尽管砷酸铅已经成功地用于对抗它已达 40 年之久。但是，滴滴涕及其所有同类出现后才迎来了真正的抗药时代。任何一个有最简单的昆虫或动物种群动态知识的人都不会惊讶，因为在过去的几年中，一个丑陋而危险的问题已经清楚地出现了。虽然人们已经逐渐意识到昆虫拥有有效抵抗化学攻击的武器这一事实，但是到现在为止，只有那些与带病昆虫打交道的人才会被这种令人震惊的情况警醒。尽管目前的困难仅源于这种似是而非的推理，但农业学家仍大都（以一种无忧无虑的方式）热衷于新的和毒性更大的化学药品的开发。

人们对昆虫抗药性现象的认识缓慢，而抗药性本身的发展却迅速得多。在 1945 年之前，只有大约 12 种昆虫对滴滴涕之前的杀虫剂具有抗药性。随着新的有机化学品和新方法的广泛应用，昆虫抗药性开始急剧上升，到 1960 年达到了 137 种的惊人水平。没人相信这一切即将到来，现在已经发表了 1000 多篇有关该主题的技术论文。世界卫生组织已经在世界各地争取了 300 多名科学家的援助，宣称"抗药性是目前病媒控制计划面临的最重要的一个问题"。一位杰出的英国动物种群专家查尔斯·埃尔顿博士曾说过："我们正听到大雪崩到来前的隆隆声。"

有时，抗药性的发展如此之快，以至于关于某种化学物质成功控制了一种昆虫报告的油墨还没有干，又必须要发布其修订报告了。例如，在南非，长期以来，蓝扁虱困扰着牧民，仅在一个牧场上，一年中就有 600 头牛因此死亡。蓝扁虱已经对砷产生了抗药性。然后人们尝试使用六氯化苯，在很短的时间内，似乎一切都很好。1949 年初发表的报告宣称，这种新化学药品可以很容易地控制对砷有抗药性的蓝扁虱。同年晚些时候，关于昆虫抗药性发展迅速的报告不得不被发表。这种情况促使《皮革行业评论》的一位作家在 1950 年发表评论："诸如此类的消息悄悄地从科学界流出，并出现在海外新闻的一个小版块中，其实，如果事情的重要性被理解的话，它的标题应该同有关新原子弹消息的新闻头条一样大。"

不但昆虫的抗药性在农业和林业是一个令人关注的问题，而且在公共卫生领域，人们也感到最严重的忧虑。自古以来，各种昆虫与人类多种疾病之间就有关系。按蚊属的蚊子可以将单细胞疟疾生物体注入人血，其他蚊子会传播黄热病，还有一些蚊子传播脑炎。然而，不会叮人的家蝇可能会携带痢疾杆菌并污染人类食物，并且在世界许多地区，家蝇可能会在眼部疾病传播中扮演重要角色。疾病及其昆虫携带者包括传播斑疹伤寒的体虱、传播鼠疫的鼠蚤、传播非洲昏睡病的舌蝇，以及传播各种发烧症状的扁虱等。这些是必须解决的重要问题。

没有一个负责任的人会认为可以忽略昆虫传播的疾病。现在迫在眉睫的问题是，通过使问题变得更糟的方法来迅速解决问题是否是明智和负责的呢？通过控制昆虫这一传染媒介来抗击疾病，世界已经听到了许多的胜利之战，但是却没有听到故事的另一面——失败，这些短暂的胜利现在强烈支持着一个令人震惊的观点，即通过我们的努力，昆虫敌人实际上变得更加强大。更糟的是，我们可能已经破坏了我们的战斗手段。

加拿大杰出的昆虫学家 A.W.A. 布朗博士被世界卫生组织聘用，对昆虫的抗药性问题进行了全面调查。在1958年出版的最新专著中，布朗博士说："在公共卫生计划中引入强效合成杀虫剂不到10年，主要的技术问题是昆虫对它们产生的抗药性。"世界卫生组织在发表他的专著时警告说："如果不迅速解决这一新问题，目前对疟疾、斑疹伤寒和鼠疫等由节肢动物传播的疾病采取的猛烈进攻将面临严重倒退。"

这次倒退的程度是多少？现在，抗药性物种的清单实际上包括了所有具有医学意义的昆虫。显然，黑蝇、沙蝇和采采蝇尚未对化学物质产生抗药性。另一方面，家蝇和虱子之间的抗药性目前已发展到全球范围，控制疟疾的计划受到蚊子抗药性的影响。东方鼠蚤是鼠疫的主要传播媒介，最近显示出其对滴滴涕产生抗药性，这是一个可怕的进化。每个大陆和大多数岛屿群都报告了许多昆虫产生了抗药性的情况。

现代杀虫剂的首次医学用途可能是在 1943 年的意大利发生的，当时盟军政府通过喷洒大量滴滴涕粉尘而成功地消灭了斑疹伤寒。两年后，残留喷雾剂的广泛使用控制了疟疾蚊子。仅仅 1 年后，麻烦的最初迹象出现了，家蝇和蚊子都开始表现出对喷雾的抗药性。1948 年，一种新的化学品氯丹作为滴滴涕的补充剂而被试用。这次控制效果良好，并持续了两年，但是到了 1950 年 8 月，出现了耐氯丹的苍蝇，到那年年底，所有的家蝇以及蚊子都对氯丹产生了抗药性。随着新化学品的投入使用，抗药性迅速提高。到 1951 年底，滴滴涕、甲氧基氯、氯丹、七氯和六氯化苯已不再有效。同时，苍蝇的数量多得出奇。

在 20 世纪 40 年代后期，同样的事件在撒丁岛重演。在丹麦，含滴滴涕的产品于 1944 年被首次使用。到 1947 年，许多地方对苍蝇的控制都失败了。到 1948 年，在埃及的某些地区，苍蝇已经对滴滴涕产生了抗药性。用六氯化苯取代它，但有效期不到一年。一个埃及村庄发生的事情是这一问题的代表。1950 年，杀虫剂很好地控制了苍蝇，同年，婴儿死亡率降低了近 50%。然而，第二年，苍蝇对滴滴涕和氯丹具有了抗药性。苍蝇种群数量恢复到以前的水平，婴儿死亡率也是如此。

1948 年，美国田纳西河谷中苍蝇对滴滴涕的抵抗力已经很普遍。用狄氏剂恢复控制的尝试收效甚微，因为在某些地方，苍蝇仅在两个月内就对这种化学品产生了强大的抵抗力。在检查完所有可用的氯化烃后，控制物的选择又转向了有机磷酸酯，但在这里再次重复了抗药性的故事。专家目前的结论是，"杀虫技术已无法对苍蝇进行控制，必须再次依靠普遍的卫生措施。"

在那不勒斯，对虱子的控制是滴滴涕最早和最广为人知的成就之一。在接下来的几年中，与意大利的成功一样，在 1945—1946 年冬季的日本和韩国，它成功地消灭了危害大约 200 万人口的虱子。1948 年在西班牙未能阻止斑疹伤寒的流行，可能已经预示了一些麻烦事。尽管在实践中失败，但有效的实验方法仍然让昆虫学家相信虱子不太可能产生抗药性。因此，1950—1951 年冬季在朝鲜当滴滴涕粉末应用于一群朝鲜士兵时，虱子的侵扰反而增加了，这让人十分意外。当对虱子进行收集和测试时，发现百分之五的滴滴涕粉末不会增加虱子的自然死亡率。从东京的难民、板桥的避难所以及叙利亚、约旦和埃及东部的难民营中收集到的虱子的相似结果，证实了滴滴涕对控制虱子和斑疹伤寒的无效性。到 1957 年，当虱子对滴滴涕产生抗药性的国家或地区扩大到伊朗、土耳其、埃塞俄比亚、西非、南非、秘鲁、智利、法国、南斯拉夫、阿富汗、乌干达、墨西哥和坦噶尼喀时，对虱子的控制最初在意大利的胜利显得暗淡无光。

在希腊，第一种对滴滴涕产生抗药性的疟蚊是萨氏按蚊。1946 年开始广泛喷涂，并取得了初步成功。但是，到 1949 年，观察者注意到，成年蚊子虽然在经过处理的房屋和马厩中都消失了，但仍在路桥下大量栖息。不久，这种户外休息的习惯扩展到洞穴、附属建筑和涵洞以及橘树的枝叶和树干。显然，成年蚊子已经对滴滴涕具有足够的耐受性，可以从喷洒的建筑物中逃脱并在露天休息和恢复。几个月后，它们得以留在房屋中，被发现停歇在药物处理过的墙壁上。

这预示着目前的局势已十分严峻。旨在消除疟疾的家庭喷洒引发了疟蚊的抗药性，疟蚊对杀虫剂的抗药性以惊人的速度上升。1956 年，这些蚊子中只有 5 种表现出抗药性。到 1960 年初，这个数字已经从 5 增加到 28 ！这些数字里包括西非、中东、中美洲、印度尼西亚和东欧地区非常危险的疟疾传播者。

在其他蚊子（包括其他疾病的携带者）中，这种模式正在重复。在世界许多地方，带有寄生虫的热带蚊子对象皮病等疾病的传播负有重要责任。在美国的某些地区，传播西部马脑炎的蚊子已产生抗药性。几个世纪以来，世界上最大的瘟疫之一——黄热病，它的传播成了一个更为严重的问题。这种传播黄热病的蚊子的抗药性品种已经出现在东南亚，现在加勒比地区也很普遍。

世界许多地方的报道表明了抗药性在疟疾和其他疾病方面的影响。1954年在特立尼达爆发了黄热病，正是由于抗药性，传播黄热病的蚊子没有得到控制，印度尼西亚和伊朗爆发了疟疾。在希腊、尼日利亚和利比里亚，蚊子继续藏匿并传播疟疾寄生虫。在格鲁吉亚通过控制苍蝇减少的腹泻病的成果在大约一年后被清零。埃及通过暂时控制苍蝇而实现的急性结膜炎的减少并没有持续到 1950 年后。

就佛罗里达州的盐沼蚊子也显示出抗药性的事实来说，对于人类健康而言，可能影响不那么严重，但从经济价值来衡量，就让人烦恼。尽管它们不传播疾病，但它们成群地飞出来吸血，使佛罗里达州沿海的大部分地区无人居住，直到实施控制（不稳定的和暂时的）以后，情况才有所改变。但这一成效很快就消失了。

各地的普通家蚊都在产生抗药性，这一事实应该使许多现在已经定期安排大规模喷洒的社区停下来。现在，该物种对几种杀虫剂具有抗药性，其中包括在意大利、以色列、日本、法国和美国部分地区（包括加利福尼亚、俄亥俄州、新泽西州和马萨诸塞州）几乎普遍使用的滴滴涕。

扁虱是另一个问题。斑疹热的传播者木虱，最近也发现有了抗药性。褐色狗虱抵御化学毒物致死的能力早已被广泛地认识。这给人类以及狗带来了麻烦。褐色狗虱是一种亚热带物种，当它出现在新泽西州以北时，它必须在冬天居住在供暖的建筑物中，而不是室外。美国自然历史博物馆的约翰·C.帕利斯特在 1959 年夏天报告说，他的部门已经接到西中央公园附近公寓的许多电话。帕利斯特先生说："每时每刻，整个公寓都充满了扁虱幼虫，而且很难摆脱它们。一条狗在中央公园带回扁虱，然后扁虱产卵，并在公寓中孵化。它们似乎不受滴滴涕或氯丹或我们大多数现代喷雾剂的影响。过去在纽约市有扁虱是非常不寻常的，但是现在它们遍布长岛、威彻斯特和康涅狄格州。我们在过去的五六年中尤其注意。"

遍及北美大部分地区的德国蟑螂已经对氯丹具有抗药性，而氯丹曾经是除虫剂的首选武器，但如今已改用有机磷酸酯。但是，最近对这些杀虫剂产生的抗药性，使除虫剂面临的问题是，下一步去哪里？

目前，随着耐药性的发展，与虫媒传播疾病有关的机构正在通过从一种杀虫剂切换到另一种杀虫剂的方法来解决所面临的问题。但是，尽管化学家在提供新材料方面有独到的见识，但这不可能无限期地进行下去。布朗博士指出，我们正行驶在"单行道"上。没有人知道这条道有多长。如果在控制病虫害之前就到达了死胡同，我们的情况的确变得危重。

对于侵袭农作物的昆虫来说，故事是一样的。在大约 12 种显示对较早时期的无机化学物质具有抗性的昆虫清单上，现在又增加了许多对滴滴涕、六氯六苯、林丹、毒杀芬、狄氏剂、艾氏剂甚至是被寄予厚望的磷酸盐有抗药性的品种。1960 年，销毁农作物的昆虫中的具有抗药性的品种总数达到 65 种。

农业昆虫对滴滴涕产生抗药性的第一批出现于 1951 年，距其首次使用滴滴涕大约六年。也许最麻烦的情况与苹果卷叶蛾有关，该蛾现在在全世界几乎所有苹果种植地区都对滴滴涕有抵抗力。卷心菜昆虫的抗药性造成了另一个严重的问题。在美国许多地区，马铃薯昆虫正在逃避化学控制。六种棉花昆虫，以及各种蓟马、果蛾、叶蝉、毛毛虫、螨虫、蚜虫、线虫和许多其他昆虫，现在都可以抵抗化学喷雾的攻击。

化学工业也许不愿意面对这令人不快的抗药事实。即使在 1959 年，也有 100 多种主要昆虫对化学物质表现出一定的抵抗力，农业化学领域的主要期刊之一还在提昆虫的抵抗力是"真实的还是想象中的"。但是当化工行业怀着希望转向另一边时，这个问题也不会消失，并且带来一些令人不快的经济事实。一是化学防治昆虫的成本在稳步增长。提前预先存储材料不再成为可能：今天可能是最有前途的杀虫化学品可能就是明天的惨败。由于昆虫再次证明对自然的有效方法不是通过蛮力，因此用于支持和推广杀虫剂的大量财务投资可能会被取消。而且，尽管技术飞速发展造就了杀虫剂的新用途和新的使用方法，很可能会发现昆虫还是不受影响。

达尔文本人几乎不可能找到比抗性产生过程更好的自然选择的例子了。在原始种群中，其成员的结构、行为或生理特性差异很大，只有"坚韧"的昆虫才能够幸免于化学攻击。化学喷洒可以杀死弱者。唯一的幸存者具有某种特质，使其可以逃脱伤害的昆虫。这些是新一代的父母，通过简单的继承，他们拥有前辈所有的"坚韧"特质。不可避免的是，用强力化学药品进行大量喷涂只会使原本要解决的问题变得更糟。几代之后，不再是强昆虫和弱昆虫的混合种群，而是形成了完全由坚韧的具有抗药性的昆虫组成的种群。

　　昆虫抵抗化学物质的方法可能会有所不同，但尚未完全被人们了解。一些抗拒化学控制的昆虫被认为是由于身体结构上的优势而获利，但是这似乎没有实际的证据。但是，从布里耶尔博士的观察中可以清楚地看出某些种类中存在免疫力。布里耶尔博士的观察报告说，他们在丹麦斯普林福比的害虫控制研究所观察苍蝇："他们在屋子里的滴滴涕中嬉戏，就像巫师在烧红的煤炭上欢腾一样。"

　　世界其他地区也有类似的报道。在马来西亚的吉隆坡，蚊子起初对滴滴涕有反应，它们飞离了经过滴滴涕处理的室内。但是，随着抗药性的产生，人们可以在手电筒光下清楚地看到蚊子停歇在滴滴涕沉积在其下方的某些物体表面上。在中国台湾南部，人们在具有抗药性的臭虫样本上发现了滴滴涕粉末。将这些臭虫实验性地放入浸有滴滴涕的布中后，它们的寿命长达一个月。它们开始产卵，孵出小臭虫，然后茁壮成长。

　　但是，抗药性并不一定取决于昆虫的身体结构。耐滴滴涕的苍蝇拥有一种酶，可以将杀虫剂分解成毒性较小的化学物质 DDE。该酶仅在具有滴滴涕抗性遗传因子的苍蝇中出现。当然，这个因素是遗传的。苍蝇和其他昆虫如何对有机磷化学物质进行解毒尚不清楚。

　　一些行为习惯也可能使昆虫远离化学药品。许多工人已经注意到，有抗药性的苍蝇在未经过化学处理的地面上停留的时间要多于在处理过的墙壁上停留的时间。有抗药性的家蝇可能有稳定的飞行习惯，即停留在同一个地方，这大大降低了它们与毒药残留物接触的频率。一些疟蚊有一种习惯，可以减少它们对滴滴涕的接触，从而在某种程度上使它们具有免疫力。它们在化学的喷雾刺激下，离开屋子，去外面生存。

　　通常，抗药性需要两到三年的时间才能形成，尽管偶尔只需一个季节或更短的时间就能达到。另一种极端，则是可能需要长达六年的时间。昆虫种群一年内产生的世代数很重要，这也取决于物种和气候。例如，加拿大的苍蝇与美国南部的苍蝇相比，形成抗药性的速度较慢，因为美国南部的漫长炎热的夏季则有利于它们的快速繁殖。

　　有时，一个充满希望的问题会被问道："如果昆虫能够对化学物质产生抵抗力，那么人类可以做到同样的事情吗？"从理论上讲，他们可以做到，但是由于要花数百甚至数千年的时间，所以对于现在生活的人们来说，就不必对此寄予重望了。抗药性不是在个体中发展的。如果他在出生时具备某些特质，使他比其他人更不容易受到毒药的伤害，那么他更有可能生存并生育下一代。因此，抗药性是在人群中经过好几代的时间后才发生的。人类每世纪大约繁殖三代，但是昆虫在几天或几周之内就产生出了新一代。

"在某些情况下，比起一点昆虫造成的损害也不接受，但从长远来看却要通过失去这场斗争来弥补这一损失，暂时承受少量的损害是更明智的做法。"布里耶尔博士在荷兰担任植物保护局局长时建议道："实际可行的建议应该是'尽可能少地喷洒'，而不是'尽可能地喷洒'……对害虫种群的喷药压力应始终尽可能地减小。"

不幸的是，这种远见并没有得到美国相应的农业服务部门的重视。农业部 1952 年的年鉴致力于研究昆虫，并承认昆虫具有抗性，但又说："为了充分控制，需要更频繁地使用或提高杀虫剂的剂量。"但农业部并没有说，未经试验的化学物质不仅会消灭地球上的昆虫，而且能消灭地球上的一切生命时，又会发生什么。但是在 1959 年，即提出此建议仅 7 年后，《农业与食品化学杂志》中引用了康涅狄格州的一位昆虫学家的说法，即对至少一种或两种害虫使用了最后一种可用的新农药。

布里耶尔博士说：显然我们正在走一条危险的道路……我们将不得不对其他控制措施进行一些非常有力的研究，这些措施必须是生物的，而不是化学的。我们的目标应该是在所需的方向上尽可能谨慎地引导自然进程，而不是使用蛮力……我们需要一个更高尚的方向和更深刻的见识，这是我在许多研究人员中没有看到的。生命是我们无法理解的奇迹，即使在必须与之抗争的地方，我们也应该崇尚生命……依赖诸如杀虫剂之类的武器来控制生命是对知识不足和无能为力的证明，无法控制生命的发展，任何暴力手段都无济于事。科学上，谦卑才是适宜的，不应该有自满的借口。

第十七章　另一条路

名师导读

采用化学控制的方法把我们带进了巨大的也许无法承受的风险之中。我们从已经发生的灾难之中可以看出，我们必须另寻道路，别无选择。这个全新的道路是什么呢？让我们看一下作者给我们展示的新道路吧。

我们现在站在两条道路的交叉口。但是与罗伯特·弗罗斯特创作的令人熟悉的诗歌中的道路不同，它们并不相等。我们长期以来一直走的这条道路看似很容易，它是平滑的高速公路，我们可以在上面快速前进，但终点却是灾难。道路的另一个分支——"少有人走"——它给我们提供了最后的机会，这是我们到达目的地的唯一机会，可以使地球得以保存。

名师点评

用比喻的方法，说明化学防治带给我们的是灾难，很形象。

毕竟，这是我们的选择。如果经过长时间的磨合，我们终于取得了"知情权"，并且知道，我们被要求承担无谓而令人恐惧的风险，那么就不应再接受那些必须用有毒化学物质填充我们世界的建议；我们应该寻找，看看还有什么其他道路可行。

名师点评

引起下文。

昆虫化学防治的替代品确实种类繁多。其中一些已经投入使用并取得了辉煌的成就。其他则处于实验室测试阶段。还有一些仅仅是具有想象力的科学家们脑海中的想法，他们等待着机会对其进行试验。所有这些想法都有一个共同点：它们是生物学的解决方案，是基于对他们寻求控制的有生命的物体以及这些生物体所属的整个生命结构的理解。代表生物学广阔领域的各个领域的专家（昆虫学家、病理学家、遗传学家、生理学家、生物化学家、生态学家）都在贡献自己的知识和创造灵感，以造就新的科学——生物控制。

约翰斯·霍普金斯大学生物学家卡尔·斯旺森教授说："可以把任何科学比作河流。它的开头晦涩且朴实；时而静谧[1]，时而激流勇进；时而干涸，时而漫溢。在许多研究人员的努力下以及在其他思想流派的支持下，它积聚了动力。随着逐渐发展的概念和归纳，它得以深化和拓宽。"

现代意义上的生物控制科学也是如此。在美国，它始于一个世纪前的默默无闻：最初人们尝试引入对农户造成麻烦的昆虫的天敌，这种努力有时行动缓慢或根本没有行动，但时不时地在人类的推动下渐渐加速推进。曾有一段枯竭期，当时应用昆虫学的工作者被20世纪40年代引人注目的新型杀虫剂弄得眼花缭乱[2]，放弃了所有生物学方法，转而踏上了化学控制的"跑步机"。如今，显而易见的是，对化学物质的随心所欲和无限制的使用已给我们自己造成了比对我们要控制的目标更大的威胁时，生物防治科学的河流再次流淌，并注入了新的思想。

名师点评

生物防治领域拥有这么多的专家，肯定是可行的。

名师点评

形象地说明了科学的发展状态，给读者深刻印象。

---

① 静谧：安静。
② 眼花缭乱：看着复杂纷繁的东西而感到迷乱，也比喻事物复杂，无法辨清。

这些新方法中，最引人入胜①的是，那些试图用昆虫自身的力量与之作对的方法，即利用昆虫生命力的驱动来消灭它们的同类。这些方法中最引人注目的是美国农业部昆虫研究所所长爱德华·肯尼普林及其同事开发的"雄性绝育"术。

大约25年前，肯尼普林博士提出了一种独特的昆虫控制方法，这种方法震惊了他的同事们。他认为，如果可能对大量昆虫进行绝育处理，然后将其释放，那么在某些条件下，经过绝育处理的雄性在与正常的野生雄性竞争中获胜，那么，在反复释放绝育昆虫以后，就会产生出不育的卵，然后整个种群就会灭绝。

官僚机构墨守成规②，科学家们也心有疑虑，但这一想法一直在肯尼普林博士的脑海中。在将其付诸实践之前，还有一个主要问题需要解决——必须找到一种实用的昆虫绝育法。从学术上讲，自1916年以来，昆虫就可以通过照射 X 射线来实现绝育，这一事实早已为人所知，当时一位名叫 G.A. 兰厄的昆虫学家报道了这种烟草甲虫的绝育方法。在20世纪20年代后期，赫尔曼·穆勒在 X 射线产生突变方面的开创性工作给新思想的产生打开了广阔的天地，到本世纪中叶，许多研究者报告说，至少有十几种昆虫在 X 射线或伽马射线的作用下产生了不育的症状。

但是这些都是实验室里的实验，距离实际应用还有很长的路要走。大约在1950年，肯尼普林博士认真努力地将昆虫绝育技术转变为一种能够消灭南部牲畜的主

———————————

① 引人入胜：引人进入佳境。现多用来指风景或文艺作品特别吸引人。
② 墨守成规：指思想保守，守着老规矩不肯改变。

要害虫——螺旋蝇的武器。该雌性昆虫将卵产在流血动物外露的伤口上。孵化的幼虫是寄生虫，以寄主的肉为食。一头成年的公牛可能会在 10 天之内遭受严重的感染而死去，据估计，美国因此的牲畜损失每年达 4000 万美元。野生动物的损失很难估计，但一定也是很大的。得克萨斯州某些地区鹿群的稀缺就是因为螺旋蝇。它是一种热带、亚热带昆虫，栖息于南美、中美洲和墨西哥，在美国通常仅局限于西南地区。然而，大约在 1933 年，它被意外引入佛罗里达州，那里的气候使其得以在冬季生存并建立了种群。它甚至进入了亚拉巴马州南部和佐治亚州，不久，东南部各州的畜牧业就面临着每年 2000 万美元的损失。

多年来，得克萨斯州农业部的科学家已积累了有关螺旋蝇的大量生物学信息。到 1954 年，在佛罗里达群岛进行了一些初步的野外试验之后，肯尼普林博士已准备好对其理论进行全面试验。为此，他与荷兰政府达成协议，前往加勒比海的库拉奥岛，该岛与大陆隔绝了至少 50 英里。

从 1954 年 8 月开始，在佛罗里达州农业部实验室饲养并绝育的螺旋蝇幼虫被运到库拉奥岛，并以每周 400 平方英里的速度从飞机上释放出来。实验山羊身上的卵群数量立刻减少，其繁殖力也开始下降。释放开始仅 7 周，所有卵均不育。很快就找不到单个卵群，无论是因为绝育的还是其他的原因。事实上，螺旋蝇已经在库拉奥岛上被根除了。

库拉奥岛实验的巨大成功激发了佛罗里达牲畜饲养者的愿望，他们也想用同样的方法减轻螺旋蝇的祸害。尽管在这里，困难是相对较大的（其土地面积是加勒比

名师点评

列举具体的数字，说明螺旋蝇的危害极大。

215

小岛的 300 倍），但美国农业部和佛罗里达州在 1957 年联合起来为消灭螺旋蝇提供了资金支持。该项目包括在一个特殊建造的"苍蝇工厂"中每周生产约 5000 万只螺旋蝇幼虫，使用 20 架轻型飞机以预先安排的飞行模式飞行，每天五到六个小时，每架飞机可携带一千个纸箱，每个纸箱装着 200 到 400 个受过 X 辐射处理的螺旋蝇。

1957—1958 年的寒冷冬季，佛罗里达州北部的严寒持续了一段时间，这给了人们一个意外的机会来启动该计划，同时减少螺旋蝇种群的数量，并将其限制在一个很小的区域内。到该计划 17 个月后结束时，35 亿只由人工饲养，并已绝育的螺旋蝇已经在佛罗里达州以及乔治亚州和亚拉巴马州的部分地区被释放出来。1959 年 2 月，这是最后一次得知可能是由螺旋蝇引起的动物伤口侵扰。在接下来的几周中，几只成年螺旋蝇被捕入了人工陷阱。此后，再没有发现螺旋蝇的痕迹。东南部的螺旋蝇灭绝计划已经完成，这是依靠严密的基础研究，坚持不移的决心得来的，是科学创造价值的胜利展示。

现在，密西西比州设置的隔离区正试图防止螺旋蝇从它们被牢牢地圈禁的西南部卷土重来①。考虑到所涉及的广阔地区以及从墨西哥再次入侵的可能性，根除螺旋蝇这项工作将是一项艰巨的任务。然而，风险很高，农业部的想法是，至少可以将螺旋蝇种群保持在非常低的水平，这个计划可能很快会在得克萨斯州和其他受灾的西南地区进行尝试。

控制螺旋蝇运动的巨大成功激发了人们将相同方法

---

① 卷土重来：失败后重新恢复势力，纠集人马再来。

名师点评

说明实施计划需要特定的条件。

名师点评

总结很精辟，让读者觉得这比化学防治的效果要好得多。

应用于其他昆虫的极大兴趣。当然，并非全部昆虫都适合这个方法，这在很大程度上取决于昆虫的生活史，数量密度和对辐射的反应等细节。

英国人对此进行了实验，希望该方法可用于控制罗得西亚①的采采蝇。这种昆虫在非洲约三分之一的地区出没，对人类健康构成很大的威胁，并在约450万平方英里的林木草原上阻碍了牲畜的饲养。采采蝇的习性与螺旋蝇的习性有很大不同，尽管可以通过辐射对其进行绝育，但在使用该方法之前仍需解决一些技术上的难题。

英国人已经测试了许多其他昆虫对辐射的敏感性。美国科学家在夏威夷进行的实验室测试以及在偏远的罗塔岛的现场测试中，对果实蝇、东方果蝇和地中海果蝇取得了令人鼓舞的初步成果。玉米螟和甘蔗螟也正在测试中。也有可能通过绝育技术控制用于医学试验的昆虫。智利的一位科学家指出，尽管对其进行了杀虫剂喷洒，但携带疟疾的蚊子仍然存在于其他国家。释放绝育雄性则可能会为消除该种群提供致命一击。

辐射绝育的明显困难迫使人们寻求一种更简单的方法来获得相似的效果，现在人们对化学绝育剂产生了浓厚的兴趣。

佛罗里达州奥兰多市农业部实验室的科学家现在实验室甚至在一些田间试验中，将化学物质掺入食物中，从而对家蝇进行绝育。1961年，在佛罗里达礁岛上的一个岛屿上进行的一次测试中，仅5周时间，家蝇就几乎被消灭了。当然，在这之后它们又从附近的岛屿飞来，

---

① 罗得西亚：原英国殖民地。北罗得西亚独立后，今称赞比亚；南罗得西亚独立后，今称津巴布韦。——编者注

名师点评

作者并没有认为消灭螺旋蝇的成功经验可以完全应用到对付其他昆虫上去，这是一种科学的态度。

名师点评

引用科学家的话，展示了释放不育雄性的美好前景。

名师点评

这一实验证明了前文中的化学物质可以造成绝育的结论。科学家正是利用这一点，消灭了家蝇。

名师点评

分两方面具体分析对付螺旋蝇和家蝇的不同，很有条理性。

思考探究

想一下，"这个问题"指哪个问题。

重新开始种群的繁殖，但是作为一项试点项目，该试验是成功的。国防部对这种方法的前景感到兴奋，这是理所当然的。首先，正如我们看到的，家蝇现在变得几乎无法被杀虫剂控制。毫无疑问，需要一种全新的控制方法。通过辐射绝育的问题之一是，不仅需要人工饲养不育的雄性，而且还需要释放出比野生种群更大数量的不育雄性。这种方法用在螺旋蝇那里没问题，因为螺旋蝇并不是一种数量众多的昆虫。然而，就家蝇而言，释放其数倍数量的个体可能遭到激烈反对，即使其数量的增加只是暂时的。与之相反，化学绝育剂可以与诱饵混合并引入到家蝇的自然环境中。以它为食的昆虫将变得不育，并且随着时间的流逝，不育的家蝇将占大多数，它们将实现自我淘汰。

测试化学药品的绝育效果要比测试化学毒物困难得多。评估一种化学物质需要 30 天——虽然可以同时进行许多测试。在 1958 年 4 月至 1961 年 12 月之间，在奥兰多实验室对数百种化学药品进行了筛选，试图确认可能的绝育效果。农业部似乎很高兴能在其中找到一些有希望的化学品。

现在，该部门的其他实验室正在着手解决这个问题，对苍蝇、蚊子、棉铃象鼻虫和各种果蝇进行化学测试。所有这些都是实验性的，但是自化学杀虫剂开始工作以来，该项目已取得巨大进展。从理论上讲，它具有许多引人注目的特征。肯尼普林博士指出，有效的化学昆虫绝育剂"可能会轻易超越某些已知的最好的杀虫剂"。想象一下，百万只昆虫的种群每代繁殖 5 倍。杀虫剂可能杀死每一代昆虫的百分之九十，第三代之后仍存活 12.5 万只昆虫。相比之下，化学绝育剂会使百分之九十的昆虫不育，最后只有 125 只昆虫活着。

另一方面，其中涉及一些毒性很强的化学物质。幸好，至少在早期阶段，大多数研究化学绝育剂的人似乎都意识到，需要寻找安全的化学品和安全的使用方法。但是，到处都能听到有人建议将这些化学绝育药品用作空中喷雾剂，例如，将其喷洒在舞毒蛾幼虫咀嚼的叶子上。在没有对涉及的危害进行深入研究的情况下，这样做是高度不负责任的。如果不时常考虑到化学绝育剂的潜在危害，我们很容易发现，麻烦会比由杀虫剂造成的更严重。

当前正在测试的绝育剂通常分为两类，这两类在其作用方式上都非常有趣。第一类与细胞的生命过程或新陈代谢密切相关。也就是说，它们与细胞或组织所需的物质非常相似，以致有机体"误认为"其为真正的代谢产物，并试图将其纳入正常的构建过程中。但是在某些细节上的配合是错误的，并且该细胞生长过程停滞了。这种化学物质称为抗代谢物。

第二类由作用在染色体上的化学物质组成，可能影响基因并导致染色体断裂。这类化学绝育剂是烷基化剂，它们是极易反应的化学物质，能够强烈地破坏细胞，破坏染色体和产生突变。伦敦切斯特比迪研究所的彼得·亚历山大博士认为，"任何对昆虫进行有效绝育的烷基化剂也是一种强大的诱变剂和致癌物。"亚历山大博士认为，昆虫防治中，任何对这种化学药品的使用都会遭到"最严重的异议"。因此，希望本实验不会导致这些特定化学物质的实际使用，而是会由此发现其他安全且对目标昆虫有高度专一性的其他化学物质。

最近的研究中，最有趣的依旧是用昆虫自身的生

名师点评

用具体的数字进行对比，展示化学绝育剂的威力之大。

思考探究

作者为什么会这样说？

名师点评

用分类别的方式进行说明，条理清晰。

名师点评

引用科学家的话，说明这种化学物质会造成严重后果，必须慎用。

活特征制造控制它们的武器。昆虫会产生各种毒液、引诱剂、防护剂。这些分泌物的化学性质是什么？我们能否选择性地将它们用作杀虫剂？康奈尔大学和其他地方的科学家正试图通过研究许多昆虫防御保护自己免受天敌攻击的机制和分泌物的化学结构，来找到问题的答案。其他科学家正在研究所谓的"保幼激素"，这种有效物质可防止幼虫在达到适当的生长阶段之前发生形态变化。

诱饵或引诱剂的发展可能是探索昆虫分泌物最直接有用的结果。自然在这里指明了方向。吉卜赛蛾是一个特别吸引人的例子。雌蛾的身体过于沉重，无法飞翔。它生活在地面上或地面附近，在低矮的植被中扑腾或爬上树干。相反，雄性则很强壮，即使很远的距离，它也会被雌性从特殊腺体释放出的气味所吸引。昆虫学家利用这一事实已经有很多年了，他们努力地从雌蛾的身体中提取出这种引诱剂。然后，它被用于沿着昆虫分布范围边缘进行昆虫数量调查工作时帮助诱捕雄蛾。但这是一个花费极其昂贵的办法。尽管在东北各州广为宣传，但并没有足够的吉卜赛蛾来提供这种引诱剂，而且必须从欧洲进口手工采集的雌蛹，有时每只蛹价格高达 0.5 美元。然而，经过多年的努力，农业部的化学家们最近成功地分离出了引诱剂，这是一个巨大的突破。这项发现之后，还成功地从蓖麻油的一种成分中提取出了一种紧密相关的合成材料。这不仅欺骗了雄蛾，而且显然与天然的引诱剂一样具有吸引力。诱捕器中少至 1 微克（1/1 000 000 克）的剂量就可以作为一个有效的诱饵。

所有这些都远远超出了学术意义，因为全新的和经济的"吉卜赛蛾诱饵"不仅可以用于昆虫数量调查，还可以用于昆虫控制工作中。现在正在测试几种可能更具引诱力的物质。在这个所谓的心理战实验中，引诱剂与颗粒状物质结合并通过飞机散布。目的是迷惑雄性飞蛾并改变其正常行为，使其在具有引诱力的气味中，无法找到导向雌性的真正气味。这种旨在欺骗雄性试图与假雌性交配的实验，对昆虫的攻击甚至更进一步。在实验室中，雄性吉卜赛蛾试图与木片、蛭石和其他小的无生命物体进行交配，只要它们被适当地浸入了吉卜赛蛾引诱剂。这种将交配本能转移到非繁殖性渠道是否真的会减少其数量尚待检验，但这是一个有趣的可能性。

名师点评

照应了前文的"有趣"。

吉卜赛蛾引诱剂是第一个合成的昆虫性引诱剂，但可能很快就会有其他的出现。人们正在研究许多农业昆虫，以寻找人类可能模仿的引诱剂。对粗麻布蝇和烟草天蛾的研究获得了令人鼓舞的结果。

引诱剂和毒药的结合正在针对几种昆虫进行试验。政府科学家已经开发出一种被称为甲基丁香酚的引诱剂，东方果蝇和瓜果蝇的雄性无法抗拒它。在日本以南450英里的波宁群岛的测试中，把它与毒药结合在一起。小块的纤维板浸入了这两种化学物质，然后通过空气散布在整个岛链上，以吸引并杀死雄蝇。这项"雄性歼灭"计划始于1960年，1年后，农业部估计，东方果蝇和瓜果蝇的的数量已经消灭了百分之九十九以上。与传统的杀虫剂所鼓吹的相比，此处应用的方法似乎具有明显的优势。这种有毒物质是一种有机磷化学物质，被限制在纤维板的正方形内，这些纤维板不太可能被野生动物食用，而且它的残留物可以迅速消散，因此也不是潜在的土壤或水污染物。

但是，并非昆虫世界中的所有交流都是通过引诱或

名师点评

列举了这种有毒物质的各种优点，说明这种有毒物质值得用。

排斥的气味实现的。声音可能是警告也可能是引诱。某些飞蛾会听到飞行中的蝙蝠不断发出的超声波流（超声波充当雷达系统引导蝙蝠穿过黑暗），从而使它们避免被捕获。寄生蝇的翅膀发出的声音警告了一些锯齿蝇的幼虫，使它们聚在一起相互保护。另一方面，某些树上的昆虫发出的声音使它们的寄生虫能够找到它们，而对于雄性蚊子来说，雌性的翅膀振动声像海妖之歌一样具有诱惑力。

昆虫的这种探测并对声音做出反应的能力可以用于什么用途呢？到目前为止，尚在实验阶段，但很有趣的是，在吸引雄性蚊子方面，回放雌性飞行声音的录音取得了初步的成功。这些雄性被引诱到一个电网上并被杀死。加拿大正在测试超声波爆破对玉米螟和地老虎蛾的驱除作用。夏威夷大学的两个研究动物声音的权威，修伯特·弗令斯和马波尔·弗令斯教授认为，用声音影响昆虫行为的田野方法的建立只是在等待一把合适钥匙来解锁并提供现有的关于昆虫产生和接收声音的大量知识。警告驱逐的声音可能比引诱剂提供更大的可能性。两位教授因他们的发现而闻名：椋鸟在听到同类惊叫的录音以后四散而逃。这个事实的某些地方存在一个也可以应用于昆虫的真理。对于行业人士来说，这种可能性似乎已经足够真实，因为至少有一家大型电子公司正准备建立一个实验室对其进行测试。

声音也正在作为具有直接破坏性的媒介进行测试。超声波会杀死实验室水箱中的所有蚊子幼虫。但是，它也会杀死其他水生生物。在其他实验中，绿头苍蝇、粉虱和黄热病蚊子在几秒钟内被空气中传播的超声波杀死。所有这些实验都是朝着全新的昆虫控制概念迈出的第一步,有一天,神奇的电子学可能会让这些方法成为现实。

对昆虫进行新的生物控制并不完全依赖电子、伽马射线以及人类创造的其他产品。某些方法具有悠久的根源,其原理是,昆虫像我们人类一样,也容易患病。<u>像古老的瘟疫一样细菌感染能席卷整个族群。</u>病毒发作时,它们的群落开始生病并死亡。人类在亚里士多德时代之前,就知道昆虫中有疾病发生。蚕病在中世纪诗歌中被提到。通过研究这种昆虫的疾病,巴斯德对传染病原理有了初步了解。

昆虫不仅被病毒和细菌困扰,而且还被真菌、原生动物、微小的蠕虫以及其他肉眼看不见的微小生物所困扰,总的来说,它们是人类的好朋友。这些微小生物不仅包括病源体,而且包括能消解废物,使土壤肥沃并进行发酵和硝化的生物。<u>难道它们不能帮助我们控制昆虫吗?</u>

<u>19世纪的动物学家伊里·梅契尼柯夫就是第一个设想利用这些微生物的人。</u>在19世纪末期和20世纪上半叶,用微生物来控制的思想逐渐形成。20世纪30年代末期,日本甲虫被发现并利用了牛奶病去控制,牛奶病由一种芽孢杆菌属细菌的孢子引起的疾病。正如我在第七章中指出的那样,这个经典的细菌控制实例在美国东部地区已有悠久的历史。

现在,被寄予厚望的是该属的另一种细菌——苏云金芽孢杆菌——最初于1911年在德国图林根省发现,它引起了粉蛾幼虫的致命性败血症。这种细菌实际上是通过让昆虫中毒而不是让昆虫产生疾病来制造杀伤力。其在植物纯芽中,随同孢子一起形成了奇特的晶体,该

名师点评
用比喻的方式说明细菌对昆虫的巨大杀伤力。

名师点评
提出问题,引发思考,也是对防治昆虫方式的拓展。

名师点评
说明利用微生物来防治昆虫的历史由来已久。

晶体由对某些昆虫，特别是对蛾类鳞翅目幼虫具有高度毒性。吃了被这种毒素包裹着的叶子后不久，幼虫就会瘫痪，停止进食，并很快死亡。出于实际目的，立即中断进食这一事实当然是一个巨大的优势，因为在施用病菌体后，对作物的损害就很快停止了。现在，美国的几家公司正在以各种商品名称生产含有苏云金芽孢杆菌芽孢的化合物。在几个国家和地区进行了野外试验：在法国和德国，针对白菜蝴蝶的幼虫；在南斯拉夫，针对秋季的织品蠕虫；在苏联，针对的是帐篷毛毛虫。在1961年开始测试的巴拿马，这种细菌性杀虫剂可能是香蕉种植者面临的一个或多个严重问题的答案。那里的根蛀虫是针对香蕉的主要害虫，它削弱了香蕉的根，以至于香蕉树很容易被风吹倒。狄氏剂一直是唯一一种对付根蛀虫的化学药剂，但现在它已经引发了一系列灾难。根蛀虫变得越来越有抗药性。这种化学物质还破坏了一些重要的昆虫捕食者，因此导致了卷叶蛾的增加，这些蛾是小而结实的飞蛾，其幼虫使香蕉的表面变得伤痕累累。有理由相信，新的微生物杀虫剂能够消除卷叶蛾和根蛀虫，并且这样做不会破坏自然的控制。

在加拿大和美国的东部森林中，细菌杀虫剂可能是解决诸如蓓蕾蠕虫和吉卜赛蛾等森林昆虫问题的重要答案。1960年，这两个国家开始使用商业生产的苏云金芽孢杆菌进行野外试验。早期的一些结果令人鼓舞。例如，在佛蒙特州，细菌控制的最终结果与使用滴滴涕所获得的结果一样好。现在的主要技术问题是找到一种可以将细菌孢子粘在常绿植物针上的溶液。对于农作物来说，这不是问题，甚至可以使用药粉。细菌杀虫剂已经在多种蔬菜上实验过，尤其是在加利福尼亚州。

名师点评
说明这种细菌的作用范围极其广泛。

名师点评
将化学物质和微生物防治进行对比，突出微生物防治的优势。

同时，另一些不太引人注目的工作也与病毒有关。加利福尼亚州正在向长满幼小苜蓿的田地喷洒与任何杀虫剂一样致命的物质，以杀灭苜蓿毛虫——这种溶液含有从毛虫体内获得的病毒，毛虫由于感染这种致命性极强的病毒而死亡。只要5只患病的毛虫尸体就可以提供足以治疗1英亩苜蓿的病毒。在加拿大的一些森林中，一种影响松锯齿的病毒已被证明在昆虫控制上非常有效，以至于它已经取代了杀虫剂。

捷克斯洛伐克的科学家正在对原生动物进行实验，以对抗线虫和其他害虫，在美国，一种原生动物寄生虫已被发现可以降低玉米螟的产卵能力。

在某些情况下，微生物杀虫剂可能会让人联想起可能危害其他生命的细菌战，这不是真的。与化学物质相比，昆虫病原体对除预定目标以外的所有生物均无害。昆虫病理学的杰出权威爱德华·史坦豪斯博士强调说："无论是在实验上还是在自然界中，没有任何记载的实例证明昆虫病原体会引起脊椎动物的传染病。"

它们是如此的特殊，以至于它们只感染一小群昆虫，有时只感染一种物种。从生物学上讲，它们不属于引起高等动物或植物疾病的生物类型。而且，正如史坦豪斯博士所指出的那样，自然界中昆虫疾病的暴发始终仅限于昆虫，既不影响宿主植物，也不影响以其为食的动物。

昆虫有许多天敌，其中不仅有多种微生物，而且还有其他昆虫。第一个建议是，可以通过刺激其天敌的发展来控制昆虫，它通常被认为是在1800年的艾拉斯姆斯·达尔文提出的。可能是因为它是第一种普遍采用的生物控制方法，这种将一种昆虫对抗另一种昆虫的

225

思考探究

作者的这句话包含了几层意思？

设定是广泛的，但它被错误地认为是化学药剂的唯一替代品。

在美国，真正的常规生物防治的开端可追溯到1888年，当时阿尔伯特·科培勒（他是日益壮大的昆虫学家开拓者队中的一员），前往澳大利亚寻找绒毛状叶枕介壳虫的天敌，这种介壳虫使加利福尼亚柑橘产业面临破坏性的威胁。正如我们在第十五章中所看到的那样，这项计划获得了圆满成功，而在随后的一个世纪中，人们在全世界寻找天敌，试图控制不受欢迎的昆虫来到我们的海岸线。现在，总共已经有100种进口的捕食者和寄生虫被确立下来。除了科培勒带来的吠陀甲虫，其他的进口昆虫也非常成功。从日本进口的黄蜂完全控制了一种攻击东部苹果园的昆虫。斑点紫花苜蓿蚜虫的几个天敌（从中东意外进口的）得以拯救加利福尼亚紫花苜蓿产业。人们使用寄生虫和捕食者从而很好地控制了舞毒蛾，就像细腰黑蜂控制日本甲虫一样。介壳虫和粉虱的生物控制估计每年可为加利福尼亚州节省数百万美元。的确，该州的主要昆虫学家之一保罗·迪伯奇博士估计，加利福尼亚州在生物控制方面的投资为400万美元，而以此得到的回报是1亿美元。

名师点评

从效益方面进行说明，突出了生物防治的效益之高。的确应该推广。

分布于世界各地约40个国家出现了通过引进其天敌成功地对严重虫害进行生物防治的例子。与化学品进行控制相比，其优势显而易见：它相对便宜，是永久性的，并且没有任何有毒残留物。然而，生物控制却一直缺乏支持。加利福尼亚州实际上是唯一一个拥有正式的生物防治计划的州，而且美国许多州甚至没有一位昆虫学家全职致力于该计划。也许由于缺乏支持，用昆虫的天敌进行生物防治的工作始终缺乏科学的严密性——

思考探究

想一想，为什么会出现这种情况，仅仅是下文中作者列举的原因吗？你认为还有哪些原因？

很少有人对生物控制中被捕食昆虫种群的所受的影响进行精确的研究，而且释放天敌的精确度并不一定总是如一，这将决定不同的成败结果。

捕食者和被捕食者不仅单独存在，而且作为广阔的生命网络的一部分存在，所有这些都需要考虑在内。也许在森林中使用最常规生物防治的机会最大。现代农业的农田是高度人工化的，与所想象的自然界不同。但是森林是一个不同的世界，更接近自然环境。在这里，借助最少的人类介入和最小的干扰，自然可以按照自己的方式来建立所有奇妙而错综复杂的制衡机制，以保护森林免受昆虫的过度伤害。

在美国，我们的林业人员似乎主要是在引入昆虫寄生虫和捕食者方面进行生物防治。加拿大人的视野更广，而一些欧洲人在发展"森林卫生"科学方面取得了惊人的成就。欧洲护林人认为，鸟类、蚂蚁、森林蜘蛛和土壤细菌与树木一样，是森林的一部分，他们小心地用这些保护因子栽种新的森林。招揽鸟类是第一步。在现代森林集约化时代，古老的空心树不见了，它们曾是啄木鸟和其他筑巢鸟类的家园。巢箱会将鸟吸引回森林，从而解决了这种不足。其他盒子是专门为猫头鹰和蝙蝠设计的，因此这些生物可以在夜间接替小鸟们白天进行的捕虫工作。

但这只是开始。欧洲森林中一些最引人注目的防治工作是将森林红蚂蚁用作侵略性的昆虫捕食者，很可惜，该物种不在北美出现。大约 25 年前，维尔茨堡大学的卡尔·高兹华特教授开发了一种培育这种蚂蚁并建立其种群的方法。在他的领导下，在德意志联邦共和国的约 90 个试验区建立了 1 万多个红蚂蚁种群。高兹华

名师点评
举出欧洲人在生物防治方面的具体做法，用他们先进的环保理念作榜样。

227

特博士的方法已在意大利和其他国家和地区采用，这些国家和地区已经建立了蚂蚁农场，以提供蚁群并在森林中散布。例如，在亚平宁山脉，已经建立了数百个蚂蚁巢穴以保护重新造林的地区。

"在森林中可以看到，获得鸟类和蚂蚁的保护以及一些蝙蝠和猫头鹰的保护的地方，生物平衡已经得到了实质性改善。"德国穆林的林业官员汉斯·鲁波绍芬博士说，他认为引入的单个捕食者或寄生虫的效果不及树木的一整套"自然伴侣"好。

穆林森林中的新蚁群可以通过铁丝网的保护来减少啄木鸟的袭击。这样，即使啄木鸟在一些试验地区10年中已增加了400%，它们也不会严重减少蚁群，而且通过从树上摘食有害的毛毛虫来偿还它们造成的损失。照料蚁群（以及鸟类的巢箱）的大部分工作是由当地学校的一支10至14岁孩子组成的少年团承担的。成本极低，好处则是对森林的永久保护。

鲁波绍芬博士工作的另一个非常有趣的方面是他对蜘蛛的使用，他似乎是使用蜘蛛的先驱。尽管有大量关于蜘蛛的分类和自然史的文献，但它们分散而零碎，根本不涉及蜘蛛作为生物防治的价值。在2.2万种已知的蜘蛛中，有760种来自德国（大约2000种来自美国）。29个蜘蛛家庭居住在德国森林中。

对于林业人员而言，有关蜘蛛的最重要的事实是它所织造的网。轮网蜘蛛是最重要的，因为其中一些的网孔是如此狭窄，以至于它们可以捕获所有飞行的昆虫。较大的十字蜘蛛的网（直径最大为16英寸）在其蛛丝上带有约12万个黏性结节。一只蜘蛛可能在它18个月的生命中平均杀死2000只昆虫。生物学上健全的森林每平方米有 50 至 150 只的蜘蛛。在蜘蛛数量较少的地方，可以通过收集和分配装有卵的袋状茧来弥补这种不足。鲁波绍芬博士说："横纹金蛛的三只卵茧（在美国也有）产生了 1000 只蜘蛛，可以捕获 20 万只飞虫。"他说，春季出现的细小而精致的轮网蜘蛛尤为重要，因为"它们在团队合作中吐丝造网，在树顶梢上方织造一个网伞，从而保护了树木幼芽免受飞虫的侵害。随着蜘蛛的蜕变和生长，网还会扩大。"

加拿大生物学家进行了十分相似的研究，尽管有一些差异，因为北美森林基本上是天然的而不是人工种植的，并且可以用来维持森林健康的物种也不一样。在加拿大，重点是小型哺乳动物，它们在控制某些昆虫方面非常有效，尤其是生活在森林地面松软土壤中的昆虫。这类昆虫中有一种叫锯齿蝇，之所以这样称呼，是因为雌性锯齿蝇有一个锯齿形的产卵器，它用这个产卵器可以切开常绿乔木的针叶，并把卵产在里面。幼虫孵出后掉到地上，在落叶松沼泽的泥炭中或云杉或松树下的枯叶中形成茧。但是，在森林地面之下是一个由小型哺乳动物的隧道和通路组成的世界，它们是白脚小鼠、田鼠和各种鼩鼱。在所有这些小型挖土者中，贪婪的鼩鼱发现并吃掉数量最多的锯齿蝇蛹。它们通过将前脚放在蛹上并咬住蛹尾来进食，显示出识别蛹是实心还是空心的非凡的能力。鼩鼱们的食欲无穷，无可匹敌。一只田鼠一天可消耗约 200 只蛹，根据种类的不同，一种鼩鼱可能会吞噬多达 800 只！根据实验室测试，这可能导致百分之七十五至百分之九十八的锯齿蝇蛹被消灭。

毫不奇怪的是，纽芬兰岛因为没有土生土长的鼩鼱，所以遭到锯齿蝇的危害，因此迫切需要这些小型

名师点评

运用列数字的方法说明了蜘蛛对防治昆虫的作用之大，让读者印象深刻。

名师点评

采用作诠释的方法，使读者对锯齿蝇有一个初步了解。

名师点评

用具体的数字说明鼠类在控制锯齿蝇方面的巨大作用。

且高效的哺乳动物，于是在 1958 年尝试引入假面鹃鹛（最高效的锯齿蝇捕食者）。加拿大官员在 1962 年报告说，这一尝试是成功的。这些鹃鹛在岛上繁衍，并散布开来，一些带标记的个体已分布到离释放点十英里之遥的地方。

这样，愿意寻求永久性的解决方案来维护和加强森林中的自然关系的林业人员便获得了一整套武器。对森林中的化学病虫害控制最多只能是权宜之计①，不能是真正的解决方案。最坏的，它杀死森林溪流中的鱼类，带来大量鼠疫，破坏自然控制以及我们可能尝试引入的自然控制。鲁波绍芬博士说，通过这样的暴力手段，"森林生命的伙伴关系完全失衡了，由寄生虫引起的灾难在越来越短的时间内重复出现……因此，我们必须制止这种行为，它已被强加到留给我们的最重要，几乎是最后的自然生存之地"。

通过所有这些新颖，富于想象力和创造力的方法来解决人类与其他生物共享地球的问题，人们始终要面对同一个话题，即我们正在与生命打交道，即与各种物种，其所受的压力和反压力，以及它们的繁荣和衰退打交道。只有考虑到这种生命力，并谨慎地设法将其引导到对自己有利的轨道上，我们和昆虫群落之间才能形成合理的协调。

当前关于大规模使用有毒化学药品，则是完全没有考虑到这些最基本的因素。就像穴居人的粗糙的棍棒一样，化学药剂的弹幕作为一种低级武器已被用来伤害生命的结构。这种结构一方面纤细可破坏，另一方面却异

名师点评

引用博士的话，有力地说明了化学病虫害控制方法的不可行。

① 权宜之计：指为了应付某种情况而暂时采取的办法。

常坚固而富有韧性，并且能够以意想不到的方式反击。这些非凡的生命力已被化学控制从业者所忽视，他们没有把"高思维取向"，和谦卑的态度带到自己的任务上。

　　"控制自然"是一个自大的概念，它起源于生物学和哲学的原始阶段，当时人们认为自然的存在是为了人类的便利。应用昆虫学的概念和实践大部分可以追溯到那个原始时代。令人震惊的不幸是，如此原始的科学已经用最现代和最可怕的化学武器来武装自己，并且在它们对抗昆虫的同时也对抗了整个地球，这是这个时代的巨大悲哀。

思考探究

你认为作者的这种说法对吗？

❋阅读鉴赏❋

　　作者在这一章节中，给读者指出了防治昆虫的另一条道路，即生物防治。在说明的过程中，作者采用了打比方、列数字、举例子、分类别、作诠释、引用等多种说明方法，一方面增强了文章的可读性，另一方面也使作者的观点极具说服力。

❋知识拓展❋

　　亚里士多德：(公元前384—公元前322)古希腊哲学家。生于斯塔吉拉。

　　在哲学上，提出潜能与实现说，解释了世界的运动性和变化性。在伦理思想上，认为德行就是人这一存在者实现其本质的能力。人既具有社会的本质，又有理性的本质，实现这两重本质的能力相应有人的伦理德行和理智德行。在逻辑学上，开创了三段论的演绎推理形式，成为西方形式逻辑的奠基人。他在物理学、心理学、生物学、历史学、修辞学等领域都做出了重要贡献，为后世学科的发展奠定了基础，开辟了方向。主要著作有《形而上学》

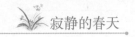

《物理学》《论灵魂》《尼各马可伦理学》《政治学》《诗学》等。

考题链接

1.下列关于文学文化常识表述有误的一项（　　　）。

A.“一门父子三词客”指北宋文学家苏洵、苏轼、苏辙，三人也并称“三苏”，苏轼为“大苏”。

B.蕾切尔·卡逊是美国著名科普作家，《寂静的春天》是其代表作。

C.古时男子十八岁行加冠礼，仪式上男子束发戴帽，后人就常用“冠”或“加冠”表示成年。

D.“飞来山上千寻塔”“方七百里，高万仞”中的“寻”“里”“仞”都是古代的计量单位。

2.下列句子没有语病的一项是（　　　）。

A.有大约800年左右历史的巴黎圣母院突发大火，尖塔倒塌，屋顶烧毁，损失惨重。

B.用化学药品来控制森林中的病虫害不是权宜之计，而是行之有效的手段，应该推广到全球。

C.武威文庙是西北地区建筑规模最大、保存最完整的孔庙，也是全国三大孔庙之一。

D.高校自主招生增加体育测试项目，把身体好不好作为“好学生”的重要标准。

读 后 感

《寂静的春天》读后感

在这个暑假，我读到了由蕾切尔·卡逊写的《寂静的春天》。这本书在刚出版的年代就引起了巨大的轰动，乃至促进了环保运动的发展。作者在第一章以寓言的形式给读者展示了一个村庄的变化：这个村庄以前是充满鸟语花香的，可是在喷洒一种叫"滴滴涕"的农药之后，就没有了知更鸟的欢唱，小路旁的花草也枯死，河流中也没有了鱼儿的身影……作者在开篇就向人类提出了警告。

作者在之后的篇章里介绍了滴滴涕是什么以及它给自然造成了多大破坏。那一个个事例，一串串数据让人触目惊心。作者在文中说，人们为了追求速度和效率，在森林里喷洒了过量的滴滴涕等杀虫剂，不仅杀死了想要杀死的昆虫，还杀死了这些昆虫的天敌以及鸟类和鱼类。农药的残留物不仅会造成鸟蛋内的雏鸟死亡，也会逐渐积累到吃了含有滴滴涕的草料的牛身上，而人喝了这些牛产的牛奶，身体也会集聚一些滴滴涕毒素，集聚到一定程度人就会生病，有的还会得癌症。也就是说，人类对大自然施加毒药，最终却是要毒死自己。这个结果让人猛地看起来觉得很荒诞，可仔细想一想却让人不禁毛骨悚然，汗如雨下。

你可以想一想，人类为了让自己的生活快乐做了多少荒唐事：为了最大面积地种植粮食，围湖造田，结果夏天的洪水没有了倾泻的地方，已经开垦出的田地变成了一片泽国；为了得到大量的木材，一座座山变成了秃顶，结果夏日的雨水连人类的居住地一起卷走；为了得到地下的煤炭，无

233

节制地开采，结果是地面塌陷，人们不得不搬迁……人类一直在为自己的贪婪付出代价。

幸运的是，现在的人类已经清醒了。人类已经认识到了杀虫剂的危害，已经认识到了环保的重要性。"金山银山，不如绿水青山"的观念已经深入人心。我相信，在不久的将来，我们的春天一定是充满鸟语花香的。

【名师点评】

在这篇作文中，作者首先简单概括了文章内容，然后提出自己的观点，并运用了几个事例进行证明，逻辑严谨。

《寂静的春天》读后感

读完《寂静的春天》这本书之后，我长长地出了一口气，这本书让我十分震惊。

我不仅震惊于作者给我们揭示的场景，那一幕幕杀虫剂下动物灭绝的景象的确让人震惊；更让我震撼的是，这本书出自20世纪50年代，那时，工业运动方兴未艾，人们高呼着"征服自然"的口号向大自然发动着进攻，人们畅想着改造、控制自然的场景，可就是在这种氛围中，作者竟然保持了清醒，对当时的人类的某些行为进行了反思，提出了自己的意见。她的远见卓识让人佩服。

在文中，作者不止一次展现了自己的真知灼见，如"任何文明是否都可以在不破坏自身，不丧失被称为文明的尊严的情况下对生命发动无情的战争""由于人为因素导致的遗传退化是我们时代的威胁，是'对我们文明的最后也是最大的危险'"……作者的这些见解让我印象深刻。那作者的这些见解来源于什么呢？首先，是她善于思考。作者有一个敏锐的大脑，对于一般人认为十分平常的事情会探究其背后隐藏的真相，就如她在《寂静的春天》里所描述的那些动物死亡的景象，许多人看了只是心生同情，或者表达对使用杀虫剂的反对，而作者不仅分析了使用杀虫剂的原因，而且提出了应对措施。其次，作者读了大量的书，拥有丰富的知识储备。作者在书中引用了大量的事例和数据，这些内容大部分来自公开发表的文章或者当时的新闻报道，如果作者没有大量的阅读量，是不可能获得这些内容的，如果没有这些内容，《寂静的春天》这本书也就没有了震动人心的力量。

所以，我们要想和作者一样拥有真知灼见，第一，要进行思考：我的观点有没有独特的地方，我的材料是不是有说服力……第二，要读书，而且要读大量的书。因为只有拥有了更多的知识，站到了前人的肩膀上，才有可能得出真知灼见。

【名师点评】

在这篇文章中，作者的观点很新颖。他没有从环保的角度出发，而是对《寂静的春天》的作者的观点进行了评价，给人耳目一新的感觉。

真题汇编

一、选择题

1.下列有关文学名著内容的表述,错误的一项是(　　)。

A.《西游记》中孙悟空管理蟠桃园,先偷吃蟠桃,又喝光仙酒,还吃尽太上老君的仙丹,闯下大祸。酒醒后担心玉帝责罚,第二次离开天宫,逃回花果山。

B.《寂静的春天》第一次对人类征服自然、改造自然的观念提出了质疑,尖锐地指出农药的使用严重地污染了自然环境,对人类的生存构成了极大的威胁。

C.《湘行散记》将湘西的现实与历史、作者的见闻与回忆、纯净的牧歌情感与包含忧患的思索巧妙地交织,成为沈从文构建"文学湘西"世界的一块重要拼图。

D.《平凡的世界》是路遥获得诺贝尔文学奖的作品。小说为我们叙说了孙少安、孙少平这对平凡的农民兄弟在苦难生活面前始终坚持奋斗的故事。

2.下列各句子中,加点的成语使用正确的一句是(　　)。

A.泰戈尔随笔一向以俊秀飘逸、意蕴丰厚著称。特别是由冰心先生翻译的《园丁集》,不仅字字珠玑,而且词约意丰。

B."天河一号"开发团队是一群朝气蓬勃、奋发向上的年轻人,他们立志在有生之年开发出领先世界水平的超级计算机。

C.就在贵州旱区,从简陋的教室里,传出一阵琅琅书声。一群稚气未脱的孩子,在一位教师的带领下,正目不斜视,聚精会神地学习。

D.我国计划将海南初步建成世界一流海岛休闲度假旅游胜地,使其成为世界著名的度假天堂、首善之区。

二、判断题

1.《寂静的春天》的作者是美国作家蕾切尔·卡逊。（　　）

2. 滴滴涕喷洒之后的残留物很快就会降解。（　　）

3. 人类合成杀虫剂的唯一目的就是消灭农作物的害虫。（　　）

4. 现在，人们已经完全禁止滴滴涕的使用了。（　　）

三、名著阅读

九（一）班进行了名著阅读问卷调查，发现喜欢非文学作品的人数较少。为吸引更多的同学去阅读，请从下列作品中任选一部，写一则简短的推荐语。

A.《傅雷家书》　　　　B.《给青年的十二封信》

C.《昆虫记》　　　　　D.《寂静的春天》

四、阅读理解

在过去的 25 年里，这种力量不仅在数量上增加到了令人不安的程度，而且有了质的变化。在人类对环境的破坏中，最危险的是致命的材料对空气、土地、河流和海洋的污染。这种污染在大多数情况下是无法恢复的。这条邪恶之链大多数情况下是不可逆的，它不仅进入了生命赖以生存的世界，而且也进入了生物组织内。在如今这种对环境的普遍污染中，化学物质和辐射一样，在改变大自然和生命的过程中起着有害的作用。锶 −90 是通过核爆炸释放到空气中的，它通过雨水降落到地上，或者随着尘埃落入地下，来到土壤中，进入到那些生长在地上的草丛、玉米或小麦中，然后进入到人的体内并留在人的骨头里，直到人死亡。同样的，喷洒在农田、森林或花园上的化学物质在土壤中长时间地存在，然后进入到生物体内，在它们中毒和死亡的过程中从一个传到另一个。它们也会在地下溪流中神秘地穿行，当它们出现的时候，它们通过空气和阳光的共同作用，以新的形式出现，杀死植物，使牛生病，并对喝清水的人们造成未知的危害。而那些井水曾经是多么的纯净。阿尔伯特·史威哲曾说过："人甚至都无法认出自己创造的魔鬼。"

生活在地球上的生命花了数亿年的时间，不断地发展、进化和多样化，才达到与周围环境相适应和平衡的状态。环境精确地塑造和指引、支配着这些生命。环境也被它所支配的生命严格地塑造和指导着，它包含着对生命有害和有益的元素。一些岩石有危险的辐射；而所有生命都从中汲取能量的太阳光，也有具有伤害力的短波辐射。在一定时间内，不是几年，而是几千年，生命会自己调整，然后达到平衡。因为时间是必不可少的要素，但是在现代世界，却没有时间这个概念。

变化和创新的高速反映着人们冲动而不顾后果的步伐，而不是自然的步伐。辐射不再仅仅是岩石的辐射、宇宙射线的爆炸、地球上没有生命之前就已经存在的太阳紫外线，而是人类篡改原子的人工产物。促使生命进行调整的化学物质不再仅仅是钙、二氧化硅和铜，和其他从岩石中冲出并在河流中运送到大海的那些矿物；它们是人用自己具有创造性的大脑合成的，是在他的实验室中创造的，并且在自然界中是无法产生的。

1. 请任选一段，概括其段意。（不超过15字）

答：＿＿＿＿＿＿＿＿＿＿＿＿＿＿＿＿＿＿＿＿＿＿＿。

2. "在过去的25年里，这种力量不仅增加到令人不安的程度，而且有了质的变化。"这句话中"这种力量"具体是指什么？质的变化指的是什么？

答：＿＿＿＿＿＿＿＿＿＿＿＿＿＿＿＿＿＿＿＿＿＿＿。

3. 选文第②段最后一句：作者为什么说"但是在现代世界，却没有时间这个概念"？

答：＿＿＿＿＿＿＿＿＿＿＿＿＿＿＿＿＿＿＿＿＿＿＿。

4. 对文意的理解，正确的一项是（　　　）。

A. 人类对环境最可怕的破坏是用危险甚至致命的物质污染空气、土地、河流。这种污染是无法救治的。

B. 如今地球上岩石辐射、宇宙射线以及太阳紫外线，逼迫生物与之适应的化学物质有钙、二氧化硅、铜以及其他矿物质。

C. 人类所导致的环境污染不仅是已经侵入到生物组织之中，改变了"生物的根本性质"，更为严重的是存在于生物赖以生存的世界。

D. 化学药品是导致环境污染的元凶之一，但因其广泛应用大大提高了农作物的产量，正为人们所推崇。

参考答案

- 第一章

  1. D 2. D

- 第二章

  1.（1）比喻 （2）反问 （3）引用 （4）拟人

  2. B 3. D

- 第三章

  1. A 2. A

- 第七章

  1. A 2. A

- 第九章

  1. B 2. A

- 第十一章

  1. D 2. A

- 第十三章

  1. A 2. B

- 第十五章

  1. A 2. D

- 第十七章

    1. C 2. C

- 真题汇编

    一、选择题

    1. D 2. A

    二、判断题

    1. √ 2. × 3. × 4. ×

    三、名著阅读

    言之成理即可。

    四、阅读理解

    1. 第一段：人类对环境的改变令人不安。第二段：人类无法适应环境变化。第三段：人类的急躁轻率使新情况不断产生。

    2. 这句话中"这种力量"具体是人类改变大自然的力量。其性质由改造大自然变为污染、危害大自然。

    3. 时间是人类适应环境的最基本的因素，而这个适应时间不是若干年，而是若干世代、千百年的漫长时间，但人类总在不断制造新药物、新污染，人短暂的一生是不够的。

    4. D